X-城市主义

X-Urbanism

X-Urbanism

ARCHITECTURE AND THE AMERICAN CITY

X-城市主义

建筑与美国城市

[美] 马里奥·盖德桑纳斯 著
北京新都市城市规划设计研究院
孙成仁 付宏杰 译

中国建筑工业出版社

著作权合同登记图字：01－2003－2721 号

图书在版编目(CIP)数据

X-城市主义　建筑与美国城市 /（美）盖德桑纳斯著；
孙成仁，付宏杰译.—北京：中国建筑工业出版社，2006
ISBN 7-112-08268-4

Ⅰ.X...　Ⅱ.①盖...②孙...③付...　Ⅲ.城市规划－建筑
设计－研究－美国　Ⅳ.TU984.712

中国版本图书馆 CIP 数据核字（2006）第 033937 号

本书由美国普林斯顿建筑出版社授权翻译、出版
X-URBANISM: ARCHITECTURE AND THE AMERICAN CITY/
Mario Gandelsonas

责任编辑：戚琳琳
责任设计：郑秋菊
责任校对：张景秋　王金珠

X-城市主义
建筑与美国城市
[美] 马里奥 · 盖德桑纳斯　著
孙成仁　付宏杰　　译

*
中国建筑工业出版社出版、发行(北京西郊百万庄)
新 华 书 店 经 销
制版：北京嘉泰利德制版公司
印刷：北京方嘉彩色印刷有限责任公司
*
开本：889 × 1194 毫米　1/20　印张：9⅘　字数：255 千字
2006 年 9 月第一版　　2006 年 9 月第一次印刷
定价：69.00 元
ISBN 7-112-08268-4
(14222)

本社网址：http：//www.cabp.com.cn
网上书店：http：//www.china-building.com.cn

目 录

导言

本书源于15年前开始的一个研究课题：通过图绘阅读美国(America)[1]城市。在课题研究期间，美国城市经历了戏剧性的重构，其变动的力量不亚于20世纪50年代的郊区化。在过去的25年中，一些主要的变化已经影响了城市和城市文化，并扩展了城市和城市文化的内涵，形成了新的城市空间和形式结构，出现了不同的城市景象。随着城市的持续发展，建成空间和公共场所的衰落，新型城市内部空间和外部空间，实体空间和电子空间出现并繁衍。然而，与城市的多元转变不同，城市性建筑（urban architecture）在美国似乎比以往任何时候都更难以实现了。[2]

本书对美国城市的研究同时也是对建筑的反思。我的城市图绘试图描绘出现于20世纪70、80年代，其后不断发展，并向世界各地传播的大都市区的建筑意义。[3]在建筑实践正在经历精神创伤的时代，这些图绘介入了非建筑领域（城市），试图探索建筑的极限。[4] 70年代，对建筑实践的质疑，即关于建筑实践与理论相关联（articulation）的讨论，成为建筑论述的前沿问题。这些讨论以城市主义、意义和再现的论述为中心，出现在后结构主义的话语中。[5]

城市图绘在这种语境下展开。它超越了图绘作为物质城市再现的传统角色，而成为两种不同的实践和"话语表层"——建筑和城市相关联的场所。这是两种相互矛盾的实践的艰难的结合，如我所谈，需要复杂的策略协调。这个关联不是为了填补空白，因为建筑和城市已经以不同的方式在不同的时间发生了关联。也不是为了解决两者的对立，它更试图认识它们之间的差异和关联的意义。这种关联不是两个要素之间固定的接合，而是两种变动的实践的相互关系。事实上，建筑和城市应该看作是两种不断变动的实践的能指。因为建筑与城市之间的关系在不断变化，他们之间需要不断再关联和协调，永远不能实现确定的平衡。这种试图建立建筑与城市关联的努力，不断形成新的关系模式，从而进一步改变了城市和建筑实践的特征。[6]

1. America在严格意义上，仅指美国。——作者注
2. 我认为，所谓"新城市主义"是支持而非否定了这个观点。参阅第3章的"改写城市"。
3. 事实上，最近的城市形态伴随着经济全球化，跨越了国家的边界。参见东南亚新兴的城市实例，特别是中国上海的浦东开发区和珠江三角洲的深圳。
4. 我借用心理分析的"精神创伤"（traumatic）一词，形容城市历史中强度大，城市现状结构无力应对，能够重构城市的事件。罗伯特·文丘里（Robert Venturi），《建筑的复杂性与矛盾性》（Complexity and Contradiction in Architecture）(纽约：现代艺术博物馆，1990年)和阿尔多·罗西（Aldo Rossi），《城市建筑学》（The Architecture of the city）（剑桥：麻省理工学院出版社,1982年)可以提供清晰的背景。尽管如此，我的工作直接始于黛安娜·艾格瑞丝特（Diana Agrest）的早期文章。见艾格瑞丝特，《建筑从无到有》（Architecture from without）（剑桥：麻省理工学院出版社，1992年）。

我的工作不是直接研究当代城市状况，而是以图绘的方式，研究在新一轮的城市重构中被“淡忘”的两个城市：纽约和洛杉矶。纽约和洛杉矶分别是20世纪初期和二战后的城市，都是当代城市发展的历史场景。对这两个城市所进行的图绘研究揭示的一些问题，使我意识到有必要对其他美国城市进行图绘和进一步的理论研究：图绘不仅揭示了美国城市[7]的特性，而且涉及建筑实践本身，不仅关于对象，而且关于研究的主体。

多数理论研究认为美国城市发展是持续的扩展过程。研究资本流动和城市政策的经济学家和规划师不研究这个过程的形式特征。关注形式的历史学者和城市学者则倾向于认为城市是持续累积和（或）转化的过程，即建筑物的添加或更替，公共空间的嵌入或填充。[8]这个观点掩盖了这个过程中城市形式的不连续性，即美国城市的戏剧性重构这一现象；而本书通过对建筑与城市关联的研究恰恰揭示了这一点。[9]

本书第一部分阐述的城市理论的第一块基石，主要来自两篇文章：约翰·雷普斯（John Reps）的《美国城市创造》（The Making of the Urban America）[10]和曼弗里多·塔夫里（Manfredo Tafuri）发表于《美国城市》（The American City）一书中的“魅力之巅”（The Enchanted Mountain）。[11]这两篇文章分别代表了美国城市历史学者的哲学观点和欧洲建筑历史学者的批判观点。雷普斯和塔夫里提出了两种不同的美国城市的成因，即我所称的格网城市和摩天楼城市。第一种城市奠定了美国城市的平面主导结构，第二种城市确定了在高密度、紧凑的城市肌理上，不受竖向限制的城市。第三种城市完全不同于前两者的“步行城市”概念，是依赖于汽车的新型分散肌理的“郊区城市”。罗伯特·文丘里和丹尼斯·斯科特·布朗（Denise Scott Brown）在《向拉斯韦加斯学习》（Learning from Las Vegas）（可以认为是最早的美国建筑师对美国城市的阅读）中描述了第三种城市的影响。[12]

除了掩盖不连续性的倾向以外，大部分理论的另一个问题在于认为欧洲和美国的城市具有充分完整的识别

5. 参见马里奥·盖德桑纳斯，“阅读建筑”（On Reading Architecture），《进步建筑》（Progressive Architecture），1972年3月；黛安娜·艾格瑞丝特，“设计与无设计”，（Designed versus Non-designed），Oppositions 5.

6. 我改写和移置厄内斯托·拉克劳（Ernesto Laclau）和詹托·墨菲（Chantal Mouffe）在《文化霸权和社会主义战略》（Hegemony and socialist strategy）（伦敦和纽约：Verso，1985年），189页中对关联实践的定义。

7. 尽管如此，我阅读城市平面的立足点是当代城市，即20世纪末的美国城市。

8. 参见莱昂纳多·贝纳沃罗（Leonardo Benevolo），《城市的历史》（The History of the city）（剑桥：麻省理工学院出版社，1980年）；皮埃尔·拉维丹（Pierre Lavedan），简·胡古内（Jeanne Hugueney），菲利普·胡拉特（Philippe Heurat），*Urbanism a l'Epoque Moderne*，XVI-XVIII（巴黎：Art et Metier Graphiques，1982年）。

9. 参见萨丝凯·萨森（Saskia Sassen），《全球城市》（普林斯顿：普林斯顿大学出版社，1991

性，有着稳定的、史无前例的、相反的结构，彼此相互补充：欧洲对应美国，殖民帝国对应殖民地，主导对应从属，古老对应新兴等。这种观点掩盖了欧洲和美国城市识别性持续重构的复杂过程。塔夫里对1923年芝加哥建筑论坛参赛作品的描述，展示了历史过程的一个重要时刻：大西洋两岸的城市识别性都陷入了危机中。

欧洲建筑师在长达几个世纪的漫长时间里一直居于主导地位，此后，他们不得不面对新型美国城市设计对欧洲几个世纪古老城市观念的挑战。那些持传统观念的人认为美国建筑还太年轻，或根本不存在美国建筑，他们拒绝承认这种形式。[13]

普遍的观点忽略了欧洲和美国城市在跨大西洋交流中的相互依赖，双方想像中的认同形成了持续的形态循环。这是奇怪的交换，发生在两个交叠的欲求之环中间，每一环都有自我的认同形象，交换最终扭曲了城市结构的循环。例如，美国殖民地城市，如雷普斯所描述，不可避免地受到早期定居者欧洲文化（西班牙、法国、英国、荷兰和瑞典）的影响，和美国独特的机遇和环境的改变。[14]但是欧洲在美国城市识别性形成之初带给美国，至今还在影响美国的是在旧大陆无法实施的“理想”城市平面。美国城市不是从欧洲输入，但将成为事实上欧洲城市想像发展的实验室。另一个例证表现在欧洲纪念性轴线的象征价值移置到华盛顿特区时，发生的根本性转变。在新的环境中，它们不仅仅代表了民主机构之间的联系，而且同时，叠加在了格网平面体系中。相反的转变表现在20世纪20年代，美国城市受到勒·柯布西耶的影响，他1925年提出的“现代城市”的观念引发了美国城市向竖向的发展。

在第1章中，美国城市作为多种实在的集合体出现，不仅城市具有多元性和多样性，而且受到许多欧洲中心——在殖民地时期和美国独立之后——在政治、经济、文化和形式方面对美国的持续影响。[15]但还存在另一个美国城市，存在于欧洲的想像中，有不同结构和角色的城市。这就是出现在建筑性城市想像中的美国城市，

年）；曼纽·柯司特（Manuel Castells）著《信息城市：信息技术，经济重构和城市区域过程》（*The Informational City: Information Technology, Economic Restructuring, and the Urban-Regional Process*）（牛津，Blackwell，1989年）.

10. 约翰·雷普斯（John Reps），《美国城市创造》（普林斯顿：普林斯顿大学出版社，1965年）。

11. 吉欧拉吉奥·西席（Giorgio Ciucci），马里奥·马奈里·艾里（Mario Manieri Elia），弗兰西斯科·达科（Francesco Dal Co），曼弗里多·塔夫里（Manfredo Tafuri），《美国城市——从内战到新政》（The American City:From the Civil War to the New Deal）（剑桥：麻省理工学院出版社，1979年）。在书中，有一个统一的假定——欧洲中产阶级文化的天启——涉及四篇不同论文。他们的目的在于“批判性更新美国社会的历史研究”。文章将美国城市描绘为“藐视技术的巨型体”。

特别是存在于19世纪末和20世纪初的建筑想像中的美国城市。这些城市想像落到美国，以新的方式物质化，如勒·柯布西耶最终版本的纽约联合国大厦或二战后密斯·凡·德·罗的美国摩天大楼。[16]

美国城市的空间坐标系源自欧洲，而时间的坐标系来自美国与欧洲的跨大西洋联系，时间的坐标系决定于新大陆城市发展过程的时间维度。在长期的时间维度中，肌理是偶然的，暂时的，而城市平面是持久的。[17]空间和时间的坐标系使美国城市成为城市形式实验的场所，产生了给城市带来创伤的各种变化，形成了不同的形式结构。美国最近的城市重构——X-城市，即是一个例证：在这种城市中"无形式"似乎主导了城市平面，建筑仅停留在建筑物层面，而城市固有的力量却排斥任何强加的建筑形式。空间维度似乎已不再是关注的重点，空间秩序的装置已经衰微；时间的维度得到关注，新的、复杂的秩序结构已经出现。这种形势的表征是，越来越多的实验出现在作为公共领域的互联网而非城市实体空间中。

城市实验还以多种方式与另一个场所发生关联，即以话语和建筑实践为形式的建筑研究。本书第1章研究了从欧洲到美国、从城市到建筑往复运动的时空坐标系中出现的形成多种形式结构的创伤性变化，以及这个过程遗留在美国城市平面中的踪迹。

第2章关注美国城市的识别性，或更准确地说，它非终极的、开放的个性特征。[18]城市识别性假定了一个强加于城市结构之上的一种秩序。然而，在这个秩序中，永远存在某种不稳定性，以致城市形式最终失于控制。这种秩序的破坏部分来自不断变化的城市经济、政治和文化力量对于固有结构的反抗。

美国的独立引发了城市结构的重大变动。新政权的建立启动了与欧洲城市差异化的过程。跨大西洋流动的三种美国城市（格网城市、摩天城市和郊区城市）都试图实现城市想像：建立一种新的秩序，以新的方式组织城市的结构。第一，格网作出了最强有力的尝试，试图将新秩序布满整个大陆；格网创造了二维图示，平面成

12. 罗伯特·文丘里，丹尼斯·斯科特·布朗（Denise Scott Brown），斯蒂文·伊泽诺尔（Steven Izenour），《向拉斯韦加斯学习》（剑桥：麻省理工学院出版社，1972年）。同时，见文丘里《建筑的复杂性与矛盾性》。它是建筑的，因为它是建筑师书写的文本，而不是仅仅隐含在工程中的。

13. 西席等，《美国城市》（*The American City*）。

14. L. 贝纳沃罗（Benevolo），《城市的历史》是最露骨的欧洲中心主义例证之一：美国城市被包含在"欧洲殖民地"的章节中。

15. 费尔南德·布罗代尔（Fernand Braudel），《文明的历史》（A History of Civilizations）（纽约：Penguin图书公司，1995年）；亦参见斯维坦·托多洛夫（Tzvetan Todorov），*La deeouverte de l'amerique*（巴黎：Ed. du Seuil，1972年），有关美国是欧洲的"他者"的论述。

16. 这些建筑不仅是独立的有意义的建筑事件，而且表明现代建筑在北美和南美的影响已经物化在简化的建筑形式中。

为代表平等的空间。第二，摩天城市试图在资本的逻辑框架下，架构竖向城市的特征，强化单体建筑的自由性。第三，州际高速公路的建设试图引入动态的流动，将整个疆域转变为场，即大陆花园的能指，在这里，对偶秩序——郊区与中心城市、居住与工作场所——试图驾驭影响美国社会的对抗性。每一种城市都是一次建立城市与建筑秩序失败的表现。当格网仅仅以欧洲方式植入美国时，它无法满足高密度的要求。在地理或历史因素的断裂或扭曲作用下，摩天城市因其对平面的藐视，也不能成为稳定的建筑类型。被高速公路穿越的大陆花园，作为“孤独”的装置既不能与城市也不能与建筑发生关系。

第3章绘制了概念空间，并在此基础上展开了城市图绘。本文回归至为一般理论所忽视的中心问题，即欧洲城市与美国城市的关系永远决定于另一个交流——建筑与城市之间的交流；而且城市形态的循环——重复、转化、变异——平行于建筑形态的循环，相似的移置，转化或创新。

为了充分理解建筑的角色，我们不仅需要考虑主要源自欧洲的城市影响，而且要考虑建筑话语的角色，不仅包括说出来的，而且包括隐含的、误读的和被压抑的部分。城市与建筑的关系实际上是建筑的组成部分。[19]这个关系的历史起源和它对城市和建筑的影响最早出现在文艺复兴建筑文本中。阿尔伯蒂的《论建筑》，提出了不能在欧洲，但可以在美国，且在美国也只能片断地实现的城市想像。[20]继阿尔伯蒂之后，出现了大量的改写，从帕拉第奥到勒杜、勒·柯布西耶，研究中的城市也不再是罗马而是发展中的、尚不成熟的美国城市。每一次改写，建筑的实践都发生改变，有时是根本性的改变。最终，这里提出的问题，即揭示建筑与城市的关系，[21]成为以城市为欲求客体的无法实现的建筑欲求的又一次重复。

美国城市的研究视点永远出现在欧洲，多数情况下，美国城市附属于欧洲城市。[22]这种附属关系也在建筑话语中发生作用。例如，在通常的叙述中，美国城市被描述为技术创新的源泉，影响了形成并发展于欧洲的建筑，

17. 费尔南德·布罗代尔，“Histoire et sciences sociales, la longue duree,” Annales (1958年10－12月)。布罗代尔在一篇面向社会科学者，而非历史学者的文章中，建立了“长期”的概念。这篇文章涉及时间的多重性，尤其是“长期”的概念。与关注于个体和事件的短期概念不同，在“长期”中，时间流动缓慢，几乎看不到变化，语言、知识、道路和城市具有持久性。

18. 在这个主题的研究中，我延展并移置了近一个世纪，在城市问题的政治经济领域，已经得到广泛讨论和发展的识别性问题。这些讨论已经使我们意识到了识别性建构的复杂机制。见厄内斯托·拉克劳等，《政治识别性的创造》(The Making of Political Identities)(伦敦和纽约：Verso，1994年)。

19. 这种关系在历史上，因城市和建筑的变动而持续重构。

20. 阿尔伯蒂，《论建筑》(The Ten Books of Architecture)(重印，纽约: Dover，1986年)。

21. 这些问题也揭示了建筑本身形成固定的封闭的识别性的不可能性。

而不是将美国城市看作是西方建筑发展的一个组成部分。这个叙述的规则不仅表明美国城市中建筑的缺席，而且更重要的，表明了美国城市在建筑中的缺席。[23]美国对欧洲的文化依赖在二战之后才开始改变。在建筑文化中，依赖关系仅仅在20世纪70年代，随着纽约建筑和城市研究机构的建筑文化交流，当年轻的欧洲建筑师开始进入美国时才开始改变。最近几年，有关美国对欧洲影响的研究越来越多地出现在欧洲学术界。[24]

从传统意义上说，城市的建筑形成于试图在城市的肌体上施加建筑秩序的城市想像。这里所展示的城市图绘将城市建筑的形成场景移置至建筑的接收场地，将城市看作是既定的：以城市本身作为图绘的出发点。[25]城市图绘的建筑特征使其不同于米歇尔·德塞都（Michel de Certeau）[26]所描绘的城市实践的政治性制图：地理学家的制图不同于普通人的日常生活轨迹。针对这些普通人，凯文·林奇提出了城市意象绘图的系统方法。[27]为什么这些图绘会有区别呢？因为我们的对象是城市的建筑，须基于平面，通过二维和三维的图绘进行描述，不同于凯文·林奇所提出的现象逻辑绘图。因为城市图绘被构想为实践的一部分，有着使城市转化或变异的潜能，而不是构想为担当日常生活场所的城市。

为什么我们更关注于平面，而非城市物质实在？城市是自然、社会多因素发生作用的结果，它是创造物质景观的经济发动机，是各种社会政治力量活动的舞台场景，有着各种力量的烙印又影响着这些力量。对于城市观察者而言，城市结构的首要问题是交通能力、形态影响力和可读性。城市可感知表面所遮蔽而城市平面所展示的正是城市的文本和符号影响力。这正是城市与建筑发生关联的场所。

本书的第二部分完成于1984－1994年期间，包括纽约、洛杉矶、波士顿、纽黑文、芝加哥、得梅因和大西洋城的城市图绘。城市图绘首先提出了美国城市的建筑识别性问题。在每一座城市，二维和三维的多元结构相互联系在一系列的对偶要素中，如街道和街区，开

22. 典型的例子，参见贝纳沃罗，《城市的历史》。
23. 正如阿尔多·罗西在《科学的自传》（*Scientific Autobiography*）（剑桥：麻省理工学院出版社，1981年），75-76页中所言："在一定意义上，我意识到建筑的官方评论还没有包括美国，或更糟，没有关注美国：这些评论只看到现代建筑如何转变或应用于美国"。文丘里在《建筑的复杂性与矛盾性》中阐释的理论是对现代建筑教义的挑战，是欧洲评论关注的第一个美国建筑理论。
24. 胡贝尔特·达米什（Hubert Damisch），简·路易斯·科恩（Jean Louis Cohen），Americanisme et modernite（巴黎：Flammarion，1993年）。
25. 盖德桑纳斯，《城市文本》（*The Urban Text*），（剑桥：麻省理工学院出版社，1992年）。
26. 米歇尔·德塞都，《日常生活实践》（*The Practice of Everyday Life*），斯蒂文·蓝德尔（Steven Rendall）译，（伯克利，加利福尼亚大学出版社，1988年）。
27. 凯文·林奇（Kevin Lynch），《城市的意象》（*The Image of the City*）（剑桥：麻省理工学院出版社，1960年）。

放空间和建筑物，客体建筑物和肌理，图形虚体和场等，形成了大量浮动的能指。[28]建筑能指对城市结构的缝织固定了它们的意义——建筑师的视角不同于日常使用者的视角，也不同于寻找预想识别性的人的视角。城市图绘，在它们转化、叙述和接续中发现，不存在终结的缝织，相反美国城市的不断重读和改写是一个长期的过程。[29]

城市图绘不仅仅扩展了分析的工具和策略，而且基于分析所揭示的形式特点，提出某种美国城市主义的发展可能性。1989年，我开始进行得梅因远景规划的编制。[30]这个过程将城市图绘——即将城市具体形式的阅读与地方社会经济因素相关联。整个过程基于不同的叙述，我们向地方社区汇报了我们对得梅因基本形式时点的阅读，以获得社区的反响、对话并提高他们对所居住的视觉世界的关注意识。这次城市与建筑的关联，始于城市图绘所引发的对话，将城市规划的过程向城市建筑开放，并将政治维度带入了城市图绘中。[31]

28. 假定了一个开放的，不断转换的识别性。
29. 齐泽克（Slavoj Zizek），《意识形态的崇高客体》（*The Sublime Object of Ideology*）(伦敦和纽约：Verso，1989年)。
30. 参见黛安娜·艾格瑞丝特和马里奥·盖德桑纳斯，《作品》（*Works*）(纽约：普林斯顿建筑出版社，1995年)。
31. 马里奥·盖德桑纳斯，《总体规划——政治场地》"*The Master Plan as a Political Site*"《Assemblage 27》(剑桥：麻省理工学院出版社，1996年)。

1

第一部分

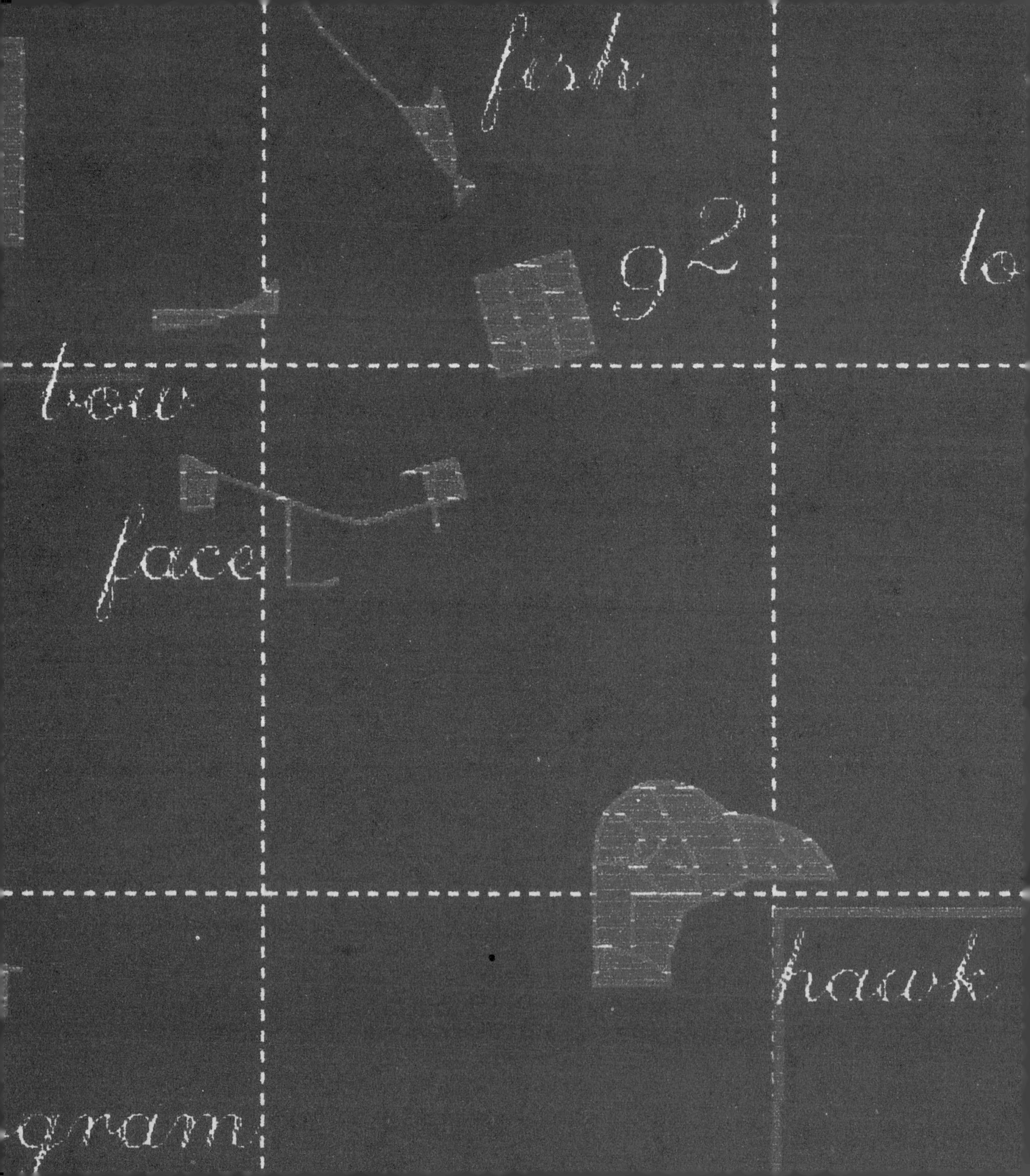
fish
9^2
face
hawk

第1章　西方城市：7幕城市场景

城市变异：跨大西洋的转移和交换

有两个事件，在美国城市的建构中，发挥了重要作用。他们的出现虽然仅相隔几年，但很少被联系起来看待：其一是1485年阿尔伯蒂的《论建筑》的出版，[1]其二是1492年发现美洲大陆。阿尔伯蒂的著作使欧洲城市成为了新建筑理论和实践不能实现的欲求客体：城市的平面，建筑物和空间被想像成为建筑的结构。随着哥伦布发现新大陆，欧洲发现了完整的世界，而欧洲本身只是这个完整世界的一部分。[2]美国成为了欧洲的他者空间，想像中地理意义上的处女地，历史意义上的新大陆，是未来的场景。

为什么一本将欧洲建筑实践确立为自由艺术的书会影响到大西洋彼岸的城市命运？答案在于这本书建立了复杂的过程，涉及沿两个轨迹演进的建筑想像和城市识别性。这两条轨迹在1573年的印地法（Law of Indies）中交汇，建筑格网平面第一次被法律确定为美国城市建设的基础。新大陆的殖民化过程展开了新城建设的可能性，因而无法在欧洲现有城市中实现的阿尔伯蒂的城市场景，有了建设的场所。在美国，殖民者不仅仅试图再造欧洲城市，而且要实现为大西洋彼岸城市所排斥的建筑想像。

阿尔伯蒂的文本通过识别性的确立，建构了建筑实践同时又闭锁了它。但是，它也导致了一个缺失：即再现建筑物的建筑变量，实践发生地的建筑工作室和建筑师本人从建设过程、场地和建设者中独立和移置出来。本书以建筑普遍性的想像填补了缺失建设过程和建筑物所形成的空白。在建筑普遍性中，建筑性城市成为了可能建设的最大的建筑物，因而成为了最富野心的想像。从零开始按照艺术的原则建构的建筑性城市，不可能投射在通过累积和扩张而形成的现状欧洲城市中。哥伦布发现的美洲提供了从无到有建设“建筑性城市”的场所。新大陆首先是通过西班牙修改印地法，继而通过其他欧洲殖民力量，如法国和英国创造了建设建筑性城市的可能性。

从新大陆被发现的一刻起，大西洋两岸即成为经济文化交流复杂过程的一部分，欧洲和美国不同城市之间开始了城市形态和形式的交流。在最初300年间，格网平面和巴洛克对角线从欧洲流入美国；在19世纪，“美

1. 阿尔伯蒂，《论建筑》。该书在1452年，呈现给尼古拉五世（Nicolo V），但直到1485年在佛罗伦萨出版后，才得以传播。

2. Todorov，*La decouverte de l'amerique*。

右：Storizinda规划，Antonio di Piero Averlino

国格网”又流回到欧洲，[3]跟随其后的是20世纪早期的摩天大楼，那时，美国城市已经成为世界城市的样板。现代主义建筑物在20世纪30年代后，从欧洲输入美国，欧洲建筑师随之在二战前进入美国。美国的高速公路系统在60年代被引入欧洲，继而是办公园区和X-城市。这种流动不是简单的交换。大西洋两岸都是一个想像之环的一部分，一岸魅惑着另一岸，同时欧洲和美国都在努力创造自我的识别性。城市成为三维的建设，以不同的方式实现着这些想像，美国作为处女地，成为面向未来的场景；欧洲作为已建设的土地，成为文化的宝库和历史的记忆。

我倾向于认为美国城市的建筑性源自于欧洲与美国的相互影响，以及建筑与城市这两种话语的相互关联。我也倾向于将其描绘为城市的建筑想像的投影，是想像的建构，首先以话语和图绘的形式出现，继而，在恰当的场所和时间，当其介入城市过程之时（即在不可预料的城市过程中使其关联成为了现实之时）实现。

城市在经济、政治和文化的力量作用下，不断变化。不断发展和转化的城市结构可以以不变的要素、平面和纪念物来衡量。然而，城市形式不仅仅转化而且发生变异。[4]在漫长的城市形式演进过程中，存在着意外性的空间，在那里，城市结构不是基于现有形态的演化，而是根本性的变异。城市转化是以年为尺度来度量，而变异则在漫长的历史时期中发生，是以世纪为尺度来度量。转化与变异主要受到但不限于经济和政治力量的影响。这些因素影响巨大而且具有创伤性：导致了现有结构的根本性重构。

形式的变异可以看作是西方城市演出的不同舞台场景。演出在两幕根本不同但又彼此相关的场景下展开，即欧洲旧大陆城市和美国新大陆城市。

我以两种不同的方式建构舞台场景——一是空间，二是时间的轴线。演出有不同的演员，建筑的和非建筑的。这些演员在多种难以实现的客体欲求的编舞下活动。舞台场景被不同的观察者观看，也包括演员本身。

我将展示一系列的时点，示意性描绘六幕场景下的演员和发生的活动，以及正在被书写的第七幕场景的可能情景。第一和第五幕场景出现在建筑实践的想像维度，而其他的场景发生在城市的现实存在中。场景一、二和

3. 见卡米罗·西特（Camillo Sitte）在《城市建设艺术》（The Art of Building Cities）（纽约：Reinhold出版社，1945年）中对美国格网进行的批评。
4. 城市建筑的考虑决定了长期的历史观点，避免了隐藏在大部分有关转化的解释之中的“有机”隐喻，如凯文·林奇认为现代城市始于19世纪，重要变化包括巴黎和伦敦现状肌理的重构。见凯文·林奇，《理想城市形态》（Good City Form）（剑桥：麻省理工学院出版社，1987年）。罗马Via Giulia与这种观点矛盾，其重要意义只能在“建筑”和城市关联的历史中得到理解。

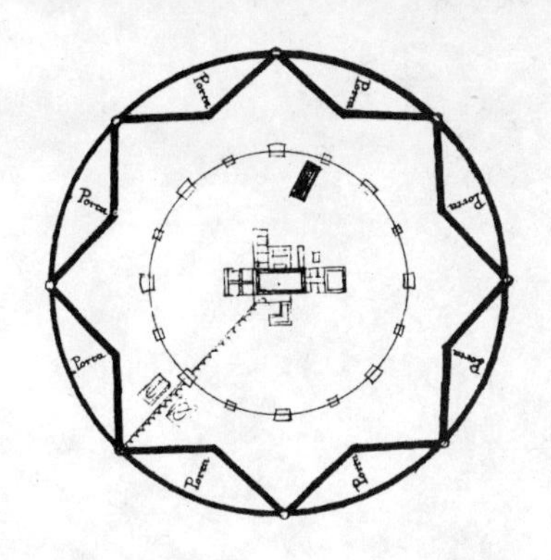

五出现在欧洲，建筑演员和建筑活动主导了舞台。场景三、四、六和X，即X-城市场景（发生在美国）中，城市占据了前景。后两幕场景，六和X，代表了与以往所有城市的断裂，比场景五，现代城市意义更深远的断裂。虽然这些场景依时间的顺序展示，他们的建构应看作是作者所处的X-城市场景的回溯。

场景1

文艺复兴城市

建筑想像引发了中世纪城市的变异并促成了西方城市结构的第一次根本性变化。我们的故事开始于文艺复兴时期的建筑理论论述。一个在许多建筑理论中被提及的想像，它最早出现在阿尔伯蒂的《论建筑》[5]中。在第四书，关于公共作品中，阿尔伯蒂主张“城市的布局、场地和结构需要认真的考虑”。城市想像出现在理想的文艺复兴城市的中心化平面形式中。[6]新城位于平坦开阔的平原上时，其几何形结构可以是“圆形、矩形或任何形状”。[7]城市和其形式的不同时点关联在众多的结构性对偶关系中。这些对偶关系组织了建筑和城市的能指，确立了他们的意义：城市的围墙对应沟渠，城门对应主轴线，街道（笔直对应弯曲）对应公共广场，宗教建筑物对应世俗建筑物和公共建筑物对应私有建筑物。

这个城市想像表现为刻板的形式，与中世纪城市的“油污”式增长不同。G·C·阿甘（Giu Carlo Argan）指出，中世纪至15世纪的罗马，[8]一直以“Piazza Del Ponte”（位于Castel Sant’Angelo）为核心，就像“油污”一样增长。这种增长是建筑物和小型邻里的自发集聚，没有任何平面规划。阿尔伯蒂的建筑想像对罗马提

5. 阿尔伯蒂，《论建筑》。阿甘将阿尔伯蒂的论文描述为最早的城市论文。“它是城市作为一个学科的奠基性论文，这也正是它不同于维特鲁威文本的所在……城市提供了支持建筑物概念的思想和建筑活动书写的维度。”G·C·阿甘“The treatise de re Aedificatoria” in Storia dell’arte come storia della cite (Ed. Riunitti，1983)。

6. 阿尔伯蒂，《论建筑》，正如阿甘在其《艺术和城市》书中所言，阿尔伯蒂更关注于城市的最终形式的起源。虽然结构的问题仅在几个句子中提到，而且布局的描述也不具形式的准确性，他以较大的篇幅研究场地的问题。然而，书中所提出的原则成为了16世纪建筑性城市想像的源泉。

7. 同上。

8. G·C·阿甘，El Concepto del espacio Arquittectonico (Buenos Aires: Nueva Vision，1966年)。

中插：Via Giulia and Via Lungara
右：从法奈斯宫方向看 Via Giulia

出激烈的批评：城市应规划为几何结构的整体。城市被描绘为统一的实体，假定了一个整体的统觉。城市隐喻为建筑，它被描绘为一个物质肌体，由各个部分组成：实际的建筑物、公共空间、纪念物、公／私建筑物等。这反映了一个多层次建构的物质世界概念，每一个层次有相似的规律。城市（大“房子”）等同于房子（小“城市”）。城市由建筑物组成，正如建筑物由房间组成，或由建筑要素组成。[9]城市的防御墙使城市具体化，提供了客体情境。墙可以是实体或虚体（如沟渠），它可以是物质的，或非物质的（公民的军事威力发挥着城市之墙的功能时）。[10]

城市是被观看的建筑物，但也是观看的机械，一个有一定范围的装置。理想的城市位于疆域的中部，建筑物因理想城市的设计而变得具象。文艺复兴时期的建筑想像掩盖了城市出现在时间维度中的事实；城市是一个过程，不是一个客体；如果存在时间片断切入这个过程的可能性，那么，这个客体的结构就是由虚体而非实体，街道广场，而非建筑物所决定。有机隐喻允许我们想像城市的起源，胚胎期的城市、军营，平面上可以是矩形或圆形。[11]格网平面中，偏好的结构是以军营式街道连接城门。将城市想像为建筑物，压抑了建筑物与城市的差异，降低了虚体的形式价值，而且掩盖了城市过程的不确定性和时间性。

建筑在城市中

建筑性城市想像在两个不同的舞台上展开：欧洲已经建成的城市和美国的尚未开发的处女地。它分别由两组不同的演员来表演：欧洲的建筑师和美国的非建筑师。

在欧洲，建筑性城市想像出现在绘画和戏剧舞台上，[12]通过艺术和透视实践在意识形态上的关联得到充分体现。[13]然而，它在欧洲城市的实施有限而且片断。伯拉孟特（Bramante）为教皇朱利叶斯二世（Pope Julius Ⅱ）和教皇里奥十世（Pope Leo X）制定的罗马城市规划是早期的努力之一。建筑的几何形体投影在罗马城市上，物质化为切割现状中世纪城市肌理的街道。建筑性城市的第一次实施是 Via Giulia 和 Via Lungara 对城市肌理的切割。这两条街道位于台伯河[14]两侧，相互平行。Via Giulia 代表了欧洲现状

9. 阿尔伯蒂，《论建筑》，23 页。
10. 同上，101 – 103 页。
11. 同上，131 – 133 页。
12. 城市想像与艺术实践的关联在历史中将不断重构，而且今天正在重构中。
13. 胡贝尔特·达米什（Hubert Damisch），《透视的起源》（The Origin of Perspective）（剑桥：麻省理工学院出版社，1995年）。
14. 阿纳尔多·布什（Arnaldo Buschi），《伯拉孟特》（Bramante）（伦敦和纽约：Thames and Hudson，1973年），124页。同时，参见 Luigi Salerno，Luigi Spezzaferro，和曼弗里多·塔夫里，Via Giulia（罗马：Casa Editriee Stabilimento，1973 年）。

城市语境中，第一次书写城市想像的努力。中世纪的城市不是关于形式而是关于密度，关于建筑的聚集和分散。[15]建筑的连续形成了密度。密度是组织城市的基本实效原则，特别是按政治原则围绕一个中心或多个权利中心进行组织的城市。

伯拉孟特的规划试图通过切断社会政治肌理，建立中世纪城市紧密联系的各个部分之间更流畅的沟通。但这个规划没有形成城市的转化：由于无形式城市对于建筑性城市想像所蕴藏的根本性变动的抵制，规划只是部分得到了实施。

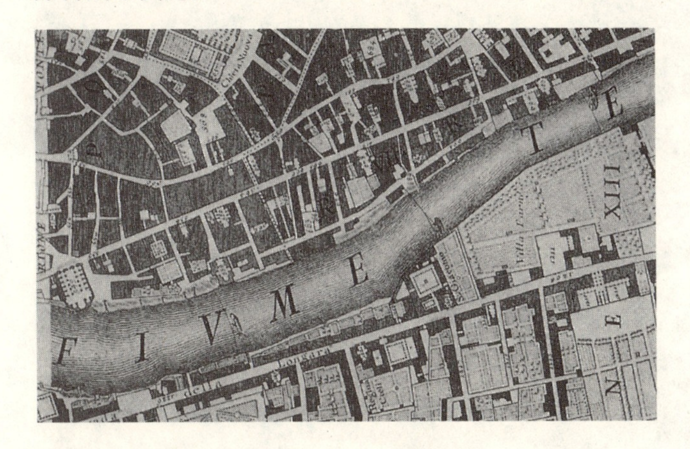

美国提供了书写和建立建筑性文艺复兴城市的土地。这特别归因于1573年西班牙印地法所确立的新城建设法律。[16]西班牙对新世界的殖民统治比欧洲其他国家早一个多世纪。[17]从墨西哥湾沿岸各州至新墨西哥和穿越加利福尼亚而达金门的土地都曾在西班牙统治之下。[18]美国城市中，佛罗里达的圣奥古斯丁是历史最悠久的西班牙城市，建城于1587年；而最后一座原西班牙城市是200多年以后才出现的洛杉矶。在洛杉矶，早期的殖民地格网，即原有的印第安格网，与独立战争之后出现的，确立当代巨型城市骨架的大陆格网相交汇。

西班牙定居区最早将格网作为美国城市的组织原则。英国殖民者延续了同样的模式，然而他们的城市平面成为了城市实验的场地。康涅狄格的纽黑文，建于1638年，是一种新尺度的格网平面的实例：大型的9方格格网（总计825平方英尺），中心绿地成为城市几何中心。对角线街道向外延续正交街道，提供了进入城镇周边区域的通道，成为城市混沌背景的骨架，突出了城镇核心的清晰结构。

威廉姆·佩恩（William Penn）的1682年宾夕法

15. 费尔南德·布罗代尔，《法国的识别性》(The Identity of France),(纽约: Harper & Row, 1989年)，130-131页。

16. 印地法，早在1561年已经开始生效，影响了几百座城镇的规划。见雷普斯，《美国城市创造》，29页； Urbanism Espafiol en America (Madrid: Editora Nacional，1973年)。

17. 新世界最早的成功定居区是圣多明哥(Santo Domingo)，建立于1496年，于1501年迁往他处。

18. 雷普斯，《美国城市创造》，26页。

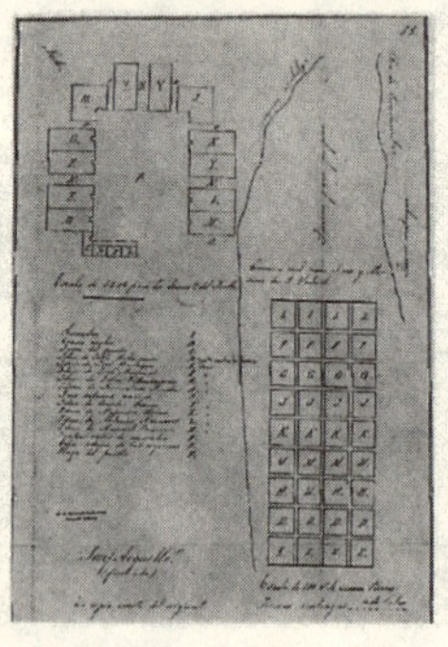
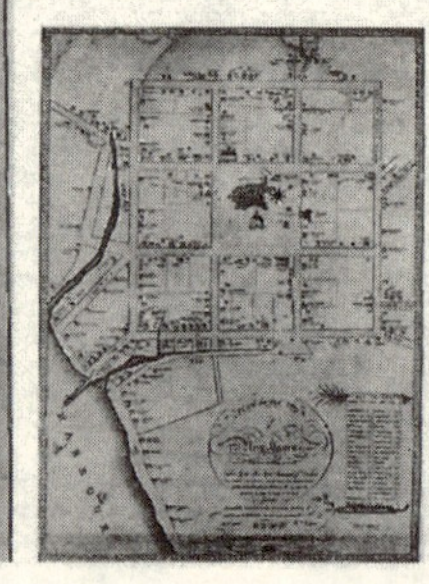
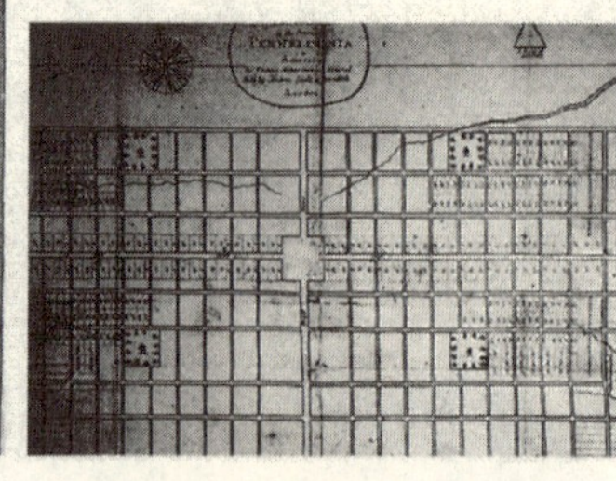

尼亚规划，是最早的美国大城市格网规划。平面围绕两条主街相交形成的中心广场进行组织，以4个居住广场为二环。这个图形与建筑想像中的理想城市有相似的结构。雷普斯认为这个规划的形成可能受多方面的影响，特别是受到伦敦1666年大火后的一个重建工程的影响。虽然克里斯托弗·雷恩（Christopher Wren）的规划是这个工程所采用的规划，然而鲜为人知的理查德·纽考特（Richard Newcourt）的规划却与佩恩的规划在形式上，有着不可思议的相似，相似的中心广场和四个居住广场的布置形式。费城规划在美国西向城市化过程中，有着重要的地位，是许多新城镇建设的样板。

1735年，佐治亚州，萨凡纳（Savannah）规划，大量的广场将公共开放空间由图形转化为纹理。这个规划的起源可以追溯至17世纪末，18世纪初的伦敦的乔治亚，那里曾大量建设彼此接近的广场。[19] 在美国版本中，多样的公共空间直接置入新的城市平面中，不同于需要切入现状肌理的英国版本。萨凡纳规划展示了实体和虚体通过句法的对应关联构成的复杂纹理。大型的街区——规模上与纽黑文街区相近——具有复杂的内部结构，一系列的对应物建立了实体与虚体，私有建筑物（基地60英尺×90英尺）与公共建筑物（面对广场的托管地块），主要街道（75英尺宽）和次要街道（37.5英尺宽），普通街道和服务巷道（22.5英尺宽）之间的差异。[20]

美国城市将成为欧洲的他者，是在欧洲无法建设，或只能在欧洲建成城市中片断性建设的想像中的城市。欧洲的建成城市和美国建筑的缺席——建筑对平面只是一个影响因素——早已表明建筑性城市的不可能性，即建筑与城市接合的不可能性。

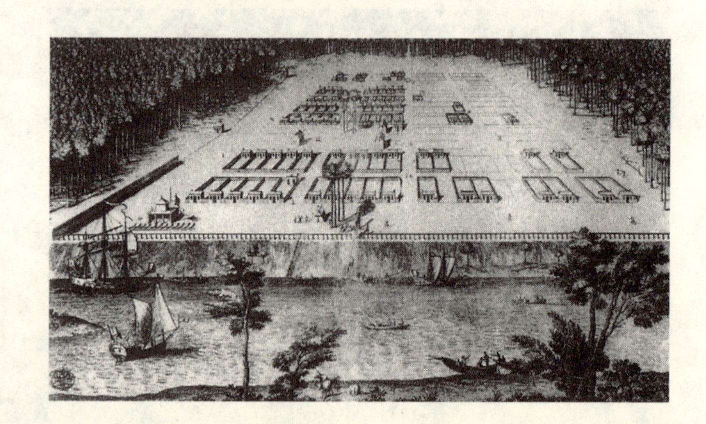

19. 雷普斯所指是红狮广场（Red Lion）（1684年），圣詹姆斯广场(St. James Square)（1684年），格罗夫纳广场（Grosvenor Square）（1695年），汉诺威广场（Hanover Square）(1712年)，和卡文迪什广场（Cavendish Square）(1720年)。雷普斯，《美国城市创造》，199页。

20. 詹姆斯·贝利（James Bailey）编，《美国是新城》（*New Towns is America*）（纽约：John Wiley & Sons，1970年）。

左：佛罗里达的圣奥古斯丁，1556年，早期的奠基规划，1770年；洛杉矶规划，1781年；纽黑文规划，1748年；宾夕法尼亚规划，1682年
左插：佐治亚州，萨凡纳，1740年
下：罗马规划，新建街道连接纪念物

场景 2

巴洛克城市

城市形式的第二次变异也出现在建筑领域。但这次变异不是以脱离城市实在、存在于话语中的想像为基础，而是以城市为变异的出发点。

巴洛克城市登场于16世纪最后20年。教皇西克斯图斯五世（Sixtus V）和建筑师凡塔纳（Domenico Fontana）在罗马实施了一项工程，将主要教堂连接起来。凡塔纳的规划不是将城市概念化为实体系统，而是在现状城市上，叠加了虚体网络。16世纪的罗马有着许多宗教纪念物——尤其是圣彼得教堂，但也包括其他教堂。由于建设了用于弥撒的环路，新罗马成为宗教的圣城。同时，这条弥撒的环路也具有旅游功能，成为商业网络的一个要素。[21] 道路切入城市的方式类似于Via Giulia所体现的。新的对角线街道和林荫道网络（即虚体）切割了城市原有肌理，这是第一次文艺复兴城市几何形体的书写。然而，巴洛克城市相对于文艺复兴城市，是一次根本性的改变，实现了建筑话语与形体城市的关联。巴洛克城市决定于纪念物的位置，是在形体城市上的直接书写，而非在建筑话语中的描述。法国凡尔赛城外的凡尔赛花园的设计是建设巴洛克城市的第二次重要努力。[22]其后，巴洛克城市形式成为19世纪末以前欧洲城市重构的主导形式。1662年，雷诺（Andre Le Notre）开始进行凡尔赛规划，并一直工作至1700年去世。在凡尔赛规划之前，城市轴线切割城市原有肌理的概念已经在巴黎的皇家轴线中出现。然而。整体设计的理想直至凡尔赛规划才得以充分实现。其规划特点在于其构成的领域尺度：以往的花园是对立的混沌领域中的文明与愉悦之岛。凡尔赛花园包括三个不同的尺度：93公顷的花园，700公顷的小公园，最后，6500公顷的巨型公园从视觉上拭去了包围凡尔赛的43公里的围墙。[23]雷诺规划的根本性转变也可以看作是体现视线穿

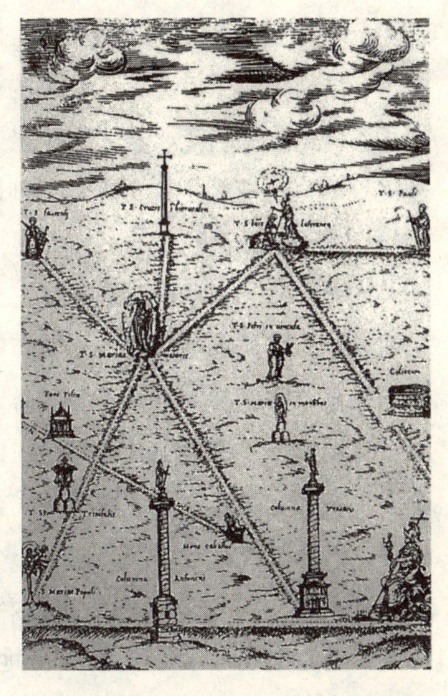

21. 阿甘，El Concepto del espacio Arquitectonico.
22. 吉迪恩（Sigfried Giedion）认为在教皇迁往阿维尼翁时，巴洛克罗马迁移到了法国，并物化在凡尔赛中。吉迪恩，《空间、时间和建筑》（*Space,Time,and Architecture*）（剑桥：哈佛大学出版社，1982年。）
23. Pierre Andre Lablande，Les Jardins de Versailles（巴黎：Editions Scala，1995年）。

透力的一次实验，在这个例子中，即是针对皇室的视景安排：所有的视景都交汇于皇室的视线中。雷诺规划采用了不同的形式装置：框景、映景、对景，巨大尺度的透视景象完全模糊了视觉客体，创造了巴洛克无限概念的知觉体验。

19世纪后半叶，权威的城市主义和新兴的资本主义相结合，引发了欧洲主要首府城市的重构，巴洛克城市的一些基本原则得到应用。在柏林、巴塞罗那、圣彼得堡、布达佩斯、维也纳，特别是在巴黎，新城的书写完全叠加在历史城市之上，城市轴线穿越了中世纪的城市肌理，并终止于纪念物。

豪斯曼（Hausmannian）的巴黎重建，以及维也纳的环城大道的出现可以看作是，部分地实现于罗马，而充分发展于雷诺凡尔赛整体景观规划的城市实验的巅峰之作。1853年6月，当豪斯曼开始进行巴黎美化运动时，城市交通网络的概念已经建立。大规模的重建开始于他构思和实施第二次，即最广泛的城市网络建设阶段。这次重建在1858年提出并开始实施。第三次重建开始于1868年。豪斯曼改造工程以建立卫生和维护社会秩序的名义，推行了机械论的意识形态，作为预防疾病（霍乱）和社会暴动（革命）的手段。豪斯曼拉直、拓宽和规整了穿越疾病和社会问题地区的街道，使街道充溢美感、卫生和商业活动。总体上，城市改造工程消弭了传统的自然城市与规划城市或新城市（指处女地上的殖民城市，即美国城市）的对立，推出第三概念，即重构城市。[24] 虽然1757年狄德罗（Diderot）和达朗贝尔（d'Alembert）的《百科全书》(Encyclopedie ou Dictionnaire raisonne des sciences, des arts et des metiers）将城市定义为由一定数量、有序的建筑物构成的群体，但是在豪斯曼的城市中，交通场所、新的街道和林荫道网络统领了建筑物。[25]

维也纳环城大道是豪斯曼巴黎重建同时代的产物。尽管其尺度和宏大体现了巴洛克城市持久稳固的力量，然而维也纳与巴黎大相径庭。环城大道是公共建筑和私有住房的大型综合体，位于分隔内城和郊区的环形开放土地上。“巴洛克规划师通过空间组织，将观看者引导至中心聚焦点：空间成为主体建筑物的场景……环城大道颠倒了巴洛克程式，使用毫无关系的建筑物放大水平空间，” [26] 一个预示现代主义的空间。与曾影响豪斯曼多

24. 然而，城市重构会陷入另一种对立中，即对于自然城市的拆除（豪斯曼）与修复（Violet-Le-Duc）策略的对立。
25. Marcel Roncayolo，“La production de la ville” in Jean de Cars and Pierre Pinon，Haussman (Paris: Ed da pavillion de l'arsenal，1991)。城市重构也发生在省会城市，如里昂、马赛、里尔和波尔多，以及一些小城市，如阿维尼翁和蒙彼利埃。
26. 塞豪斯基（Carl E. Sehorske），《世纪末的维也纳——政治和文化》（Fin-de-Siecle Vienna: *Politics and Culture*）(纽约: Alfred A. Knopf，1980年)。

远左：城堡和花园的视景，凡尔赛；丽弗里街鸟瞰，巴黎
左：维也纳规划
中插：阿尔布雷特·丢勒，《躺着的女人》；暗箱
右：圣彼得广场鸟瞰

中心网络的凡尔赛放射形结构不同，环城大道提出了同心圆结构。“规划抑止视线廊道，偏好没有建筑限制，没有明显终点的环形流动。”[27] 1858年的竞赛标志着环城大道在其后30年建设的开始。

建筑在城市中

虽然城市的重构是戏剧性的，主体的重构也是同样剧烈。形成巴洛克城市的变异决定于透视观察者向暗箱观察者转变的过程。[28]影响这两个观察者的显著不同在于：在暗箱观察中，外部世界的内部观察者从这个世界中被分离出去；而透视是一个绘画的过程，建构外部世界的二维再现，映像和客体位于同一个不清晰的现实存在中。暗箱建立了仪器与实在的关系，去除了实在与其投影之间的无差别性。乔纳森·克拉里（Jonathan Crary）指出，暗箱最有影响的特征也许就是对动感的再现，而这一点在透视中遭到了压制。[29] 运动性是透视主体与暗箱主体的根本区别之一：透视的主体是固定在空间中，而暗箱不仅影像，而且主体都是运动的，主体在观察投影时，不受固定位置的限制。划分内部化主体和外部化世界的另一个潜在意义在于外部世界是可以被塑造的，因而是潜在的建筑学客体。

事实上，城市语境中的外部世界，即我们今天所称的城市空间，在许多巴洛克工程中，是建筑学客体，其中圣彼得广场是显著的实例。阿甘认为伯尼尼（Oian Lorenzo Bernini）的设计暗指着一个运动的观察者，将广场平面与建筑主导结构相关联。广场有两个时点。在第一个时点中，观察者将平面的两个半环与一个穹形建筑相联系，后者逐渐从视觉中消失，让位于建筑的立面。在第二个时点中，观察者进入了反透视空间，运动的速度放慢，立面成为主导特征，成为分隔外部与内部空间的墙。建筑仅仅是城市虚空间与内部虚空间的媒介结构。

巴洛克城市中，建筑的实践场地超越了建筑物本身，包括了城市图形空间的设计（如巴黎和伦敦的皇宫）和街道界面（如巴黎的丽弗里街和伦敦的新月街）。虽然美国提供了文艺复兴建筑想像“物质化”的舞台，欧洲巴

27. 同上。
28. 乔纳森·克拉里（Jonathan Crary），《观察的技术》（Techniques of the Observer）（剑桥：麻省理工学院出版社，1990年）。
29. 同上，34页。

下：朗方华盛顿特区规划，鸟瞰
右：伯哈姆的芝加哥规划
远右顺时针自左上：36片区的场地，1785年土地法令；1836年密苏里州密苏里城规划；1英里格网的空中鸟瞰。

洛克城市的现实存在为美国城市想像提供了“物质材料”。巴洛克城市模式在进入美国后，物质化在华盛顿特区的规划中。体现美国统一的华盛顿特区的规划设计始于一系列与欧洲密切相关的创伤性事件之后。这场戏剧分为两幕，第一幕是华盛顿特区的建立，第二幕是纪念性轴线的完成。前者是由在美国的欧洲建筑师朗方(Pierre Charles L’Enfant) 主演，后者则发生在欧洲，在美国建筑师参观了许多欧洲城市之后，在一次设计研讨会中，这条纪念性轴线得到确立。朗方的华盛顿规划将巴洛克城市叠加在格网之上，不同于托马斯·杰弗逊(Thomas Jefferson) 基于格网平面的规划方案。华盛顿特区是浓缩着欧洲文化和建筑想像的美国城市，代表在美国尺度和格网上的欧洲城市。[30]建成以后，华盛顿特区将代表美国城市的他者，形式上有严格规定，竖向被压抑的城市。

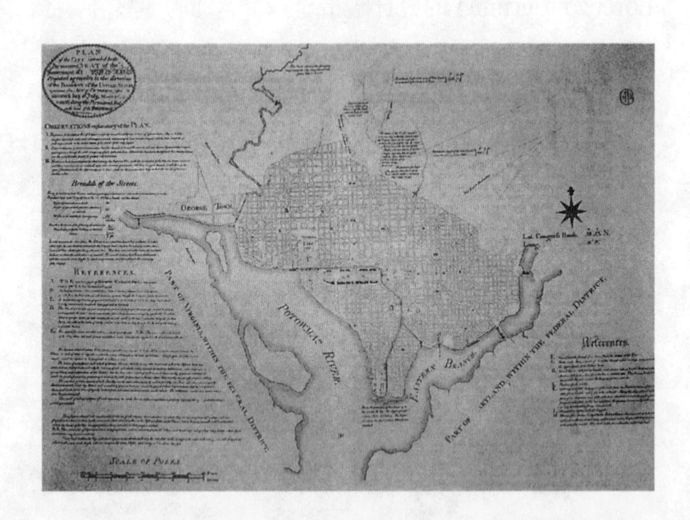

20世纪初，伯哈姆(Burnham)的芝加哥规划将充分发展了巴洛克思想的巴黎模式引入美国。[31] 但城市美化运动，作为一种意识形态，最终只部分得到了实现：欧洲和美国政治语境的差异，尤其美国民主政府的弱小，阻碍了它在美国的发展。

30. 最初的华盛顿特区规划规模巨大，面积5700英亩。
31. 丹尼尔·伯哈姆（Daniel H. Burnham），爱德华·贝内特（Edward H. Bennett）和查尔斯·穆尔（Charles Moore）等编，《芝加哥规划》（重印，纽约，普林斯顿建筑出版社，1993年）。

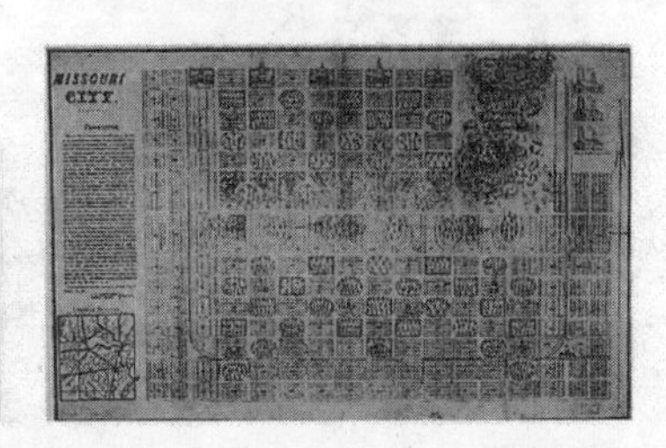

场景 3

大陆格网和格网美国城市

在场景3和4中，城市运动的中心移到了北美，新的城市形式出现在18世纪末和19世纪末。距离1620年五月花号到达科德角，仅仅140年后，100万英国人已经密集地定居于东北部的三个大城市：波士顿、纽约和费城。这三个城市在荒原上发展起来，处于半自由的发展状态，类似欧洲中世纪城市。[32] 1776年的年轻美国仅包括大西洋沿岸地区，农业是经济的主体，地主阶层是社会的主导力量。”[33]

英格兰殖民统治的结束，开启了通往现代民主国家的道路，也开启了西方城市形式发展和新城市实验的新篇章。美国不仅仅是欧洲实现想像的“未来场景”，[34]而且是建设新社会的城市实验室。[35]

1785年第二次大陆会议的土地法令，和美国早期的疆域版图绘制建立了新大陆的1英里格网。1英里格网是新社会对土地占有的标志。这个巨大格网的城市意义在于它影响了城镇的界定。美国土地测量系统的产生与托马斯·杰弗逊有着密切的关系。1784年，杰弗逊担任西部土地规划编制委员会的主席。他建立了沿4个基点将土地划分为1平方英里地块的方案。[36]考虑到西部土地销售的要求，土地法令确定镇的建设用地为6英里×6英里的正方形，每个镇划分为36个1平方英里的正方形片区[37]。1786年完成的土地测量就是基于这个1平方英里的格网。美国领土的测量可以看作是其后，1792－1799年间欧洲测量的“前奏”。发生在欧洲敦克尔克和巴塞罗那这两个城市之间的子午线测

32. 布罗代尔，《文明的历史》。
33. 同上。
34. 达米什和科恩，*Americanisme et modernite*。
35. 奠基者（致力于创造最自由平等的世界）所创造的秩序——政治、经济、意识形态已经成为了资本主义的秩序(布罗代尔，《文明的历史》，508页)。布罗代尔认为美国的竞争比欧洲资本主义更公平；在欧洲，利益仅属于一个少数人的封闭的阶层，而在更开放的美国，每一个人——至少从理论上，都有创造美国的机会——这是人类自我创造的场所。
36. 约翰逊（Hildegard Binder Johnson），《走向国家景观》（“Towards a National Land scape”），库恩（Michael P. Conzen）编，《美国景观的创造》(伦敦：Unwin Hyrnan，1990年)，127页。
37. 雷普斯，《美国城市创造》。

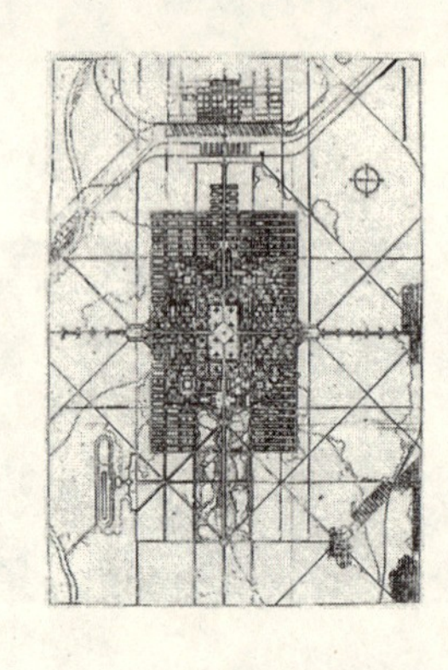

左：勒·柯布西耶“当代城市”
右：William Le Baron Jenney，蒙拿诺克大楼，芝加哥
远右：摩天楼、形式转化和类型进化中的意义循环图解

量，提供了米制单位的基础。[38]而在美国，大尺度测量单位，英里成为城市格网的基础，进而成为20世纪末大都市的踪迹。

由于年轻的美国关注的焦点是海洋而非土地，美国格网的城市意义直到19世纪中叶才显现出来。[39]19世纪50年代，伴随蒸汽机车的发展，一个巨大的工程使美国的注意力从海洋转向大陆：征服西部，建设铁路，开辟内河航线。[40] 19世纪，这个巨型格网——成为制度和政治经济的装置，绘制美国的领土和刺激土地投机——成为疆界拓展，物质和精神冒险的形式基础。它也是阿巴拉契亚以西至西海岸的多数城市进行城市规划的基础。当单线地理格网转变为双线的道路，当作为边界或土地所有权线的格网线转变为交通空间的双线时，正如在芝加哥、得梅因、洛杉矶和其他城市所出现的，乡村格网将转变为城市格网。

大陆格网与巴洛克城市属于同一视觉体系，是具象化的欧洲暗箱问题和新世界对这个问题的回答。笛卡儿(Descartes)认为“暗箱是一种机制，允许有序的和一定数量的光线通过一个开口进入，这与思维的流动相一致”。[41]这种机械与笛卡儿空间相对应，无论主体如何，所有思想的客体，都可以排序和比较。这种笛卡儿空间与美国格网的呼应，即产生了场所，投影场，这里上演了美国地理和历史差异之剧。

为什么1英里格网可以称作城市形式的变异因素？因为它产生了许多方面的移置，首先表现在规模和尺度方面，其次表现在平面上，不同于古典单中心城市，第三方面在于空间附属于时间的方式，城市没有了“城墙”的界定，可以无限的扩展；城市是运动的城市，人在其中流动；这不同于客体建筑物城市，人在其中居住或工作；美国的格网假定了连续流动，不同于文艺复兴透视中静止的“城市房间”概念，运动不存在于透视中，也不存在于文艺复兴城市；而且，在没有边界的空间中的运动也不同于巴洛克重构城市。

与1英里格网相关联的格网平面得到进一步的发展。新的格网城市在无尽的改写中，出现了多种翻译、转化和变异。[42]这就是新型美国格网平面，事先假定了一个可以书写的无边界的场所和不同的句法。[43]然而，直到20世纪，场在现代运动中扮演突出的角色前，场的概念都

38. Patrick Bouchareine，“Le metre，la seconde et la viteese de la lumiere”in La Recherehe 91 (1978年)，mentioned by Paul Virilio in The Lost Dimension (纽约: Semiotext(e)，1991年)。
39.在18世纪末，美国舰队的数量超过了英国以外的所有国家。见布罗代尔，《文明的历史》，505页。
40. 同上，507页。
41. 克拉里，《观察的技术》，42页。

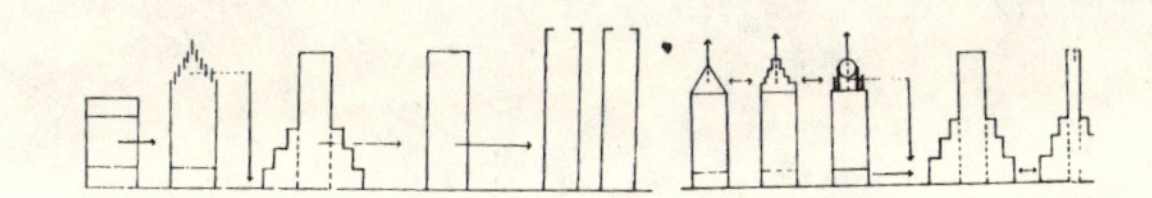

是无形的。现代城市显示了场：一个虽然不能永远明确展现，但永远隐含在美国城市中的城市概念。

城市在建筑中

直至现代主义被引入欧洲，在双向交流中，勒·柯布西耶将巨型的测量格网提升为400米×400米的建筑格网，界定了"当代城市"的城市场时，美国大陆格网才居于建筑之中。建筑格网试图界定美国城市平面的几何形格网想像，以此抑止美国城市格网的无限变化。虽然勒·柯布西耶与卡米罗·西特不同，采用直线和笔直的街道，但从一定意义上说，勒·柯布西耶支持西特关于美国是中性格网控制场所的观点。

场景 4
摩天城市

以往的城市都取决于城市的平面，而19世纪末和20世纪初建设的一座美国新城，立面可以独立于平面，这就是摩天城市。

这次城市变异源于摩天楼的发明。钢结构的发展和奥蒂斯电梯技术的发明使摩天楼的出现成为可能。摩天楼在美国和欧洲呈现的差异来自建筑师和工程师的观念差异。例如，在欧洲，埃菲尔的摩天楼概念不属于建筑话语。它与桥梁而非建筑物相关（埃菲尔铁塔是竖向的桥梁），或与巨型物相关（自由女神是形象化的摩天结构）。

虽然，在芝加哥出现的第一代摩天楼是由平面中挤压出来的，而纽约的摩天楼则是由立面所界定。当"有无限发展潜力的有机体获得了上升的自由"，正如在纽约所发生的，摩天楼就成了对抗城市的"无政府的个体"。[44] 摩天楼加深了美国城市潜在的类型学特征：建筑物倾向于成为独立和分散的客体，而不同于欧洲城市中，建筑物是相连的建筑物群体肌理的一部分。摩天楼展现了客体建筑物情形，它是既依托于城市又藐视城市，是"超然于城市的建筑物"。[45] 这种新

42. 这些格网不同于早期的西班牙格网，它们与巨大的1英里格网相关联。这些格网与建筑分离，它们没有划定中心和边界，但它们也不是抽象的几何形格网。我们在第2章将重新回到这些问题。

43. 这些差异都可以在杰弗逊的另一个发明中找到例证：棋盘式平面。棋盘模式可以有两种不同的阅读：第一，花园与肌理被放置在棋盘模式上；第二，城市以花园切割在棋盘模式中。这首先揭示了一个对立的闭合关系，对立的各方都以对方为先决条件。而且，这个模式允许对场的阅读，这两种阅读都可以看作是基于加法或减法的活动。

44. 曼弗里多·塔夫里，"祛魅山脉——摩天楼和城市"，西席等著，《美国城市》，389－390页。

45. 同上，889页。

右：浦金埃（Jan Purkinje)，残留影象，1823年
远右：纽约帝国大厦

类型的建筑意义在于城市的竖向可以独立于平面。

在美国城市中，连续的肌理是历史的失灵，经济限制迫使建筑在连续的和高密度状态下发展。建筑的客体情境保留在立面中，在那里，彼此可以自由竞争和忽视邻里的存在，而在欧洲，公共檐口统领了单体建筑。如艾里（Manieri Elia）对美国城市建筑的描述“城市特征……是……决定于普通格网街道的刚性，两维的特性；因而，容量的自由边际……完全取决于第三维度……除个别情况外，第三维度与其他两维没有有机比例关系。”[46]换言之，美国城市代表了建筑在城市中的失败。正是这个事实允许独立于建筑物的城市平面研究，也正是这个事实产生了在美国城市语境下，分析城市类型的困难。事实上，摩天楼本身摆脱了美国语境中不断的批判性重构以面对类型学转化行为的类型概念。[47]在美国城市中，建筑物玩着他们自己的游戏，在格网平面的限制下，展示着不同程度的独立。就摩天楼而言，虽然高度是关键因素，但决定性因素是经济因素。钢结构的摩天楼是高密度中心城市完美的物质具象。[48]芝加哥卢普区（Loop）是自由城市的完美产物：“高密度情形下的规则格网，和棱柱形高层建筑的汇集，建筑物高度决定于资本的投入。”[49]

摩天楼创造了新的“心理”视景空间，[50]标志着古典观察者的终结。残留影像开启了探索新维度的时期，诞生了19世纪生理学与心理学理论所定义的新的观察者。这是同一个移动观察者，他服从于欧洲城市复杂的新型刺激。沃尔特·本杰明（Walter Benjamin）对其进行了描述“一个观察者，由新城市空间、技术、新经济、象征功能的意象和产品——人造灯光的形式，镜面、玻璃和钢建筑，铁路，博物馆，花园，摄影和时尚群体共同塑造。感知是临时的，动态的……永远没有对一个客体的纯粹的接近；视景永远是多重的，毗邻或交迭于其他客体、欲求和向量。”[51]美国城市对这个观察者展示了同类型的刺激，但这个刺激是处于一个新城市的框架下，处于摩天楼巨大能量的框架下。摩天楼是机器与城市性建筑的第一次关联，断裂了与古典城市的联系。资本主义现代化的规则同时结束了古典的场景和古典城市本身：摩天楼标志着古典肌理城市的终结。

46. 这是艾里表达缺失建筑联系的方式。艾里，《走向帝国城市》；选自西席等著，《美国城市》。
47. 见艾格瑞丝特，《建筑从无到有》。
48. 电梯、电话和电灯使高层建筑物中的生活成为可能。摩天楼建立了与有轨电车的系统联系。有轨电车，不同于铁路列车，可以深入城市，它的轨道可以从城市商业中心向外放射。
49. 艾里，《走向帝国城市》；西席等著，《美国城市》。
50. 克拉里，《观察的技术》，68页。
51. 同上，20页。

摩天楼是看得见的城市建筑物(不同于看得见的纪念物)和视点建筑物(因其是观察城市的视点而如此命名)，体现了看与被看的辨证关系。[52]在欧洲，埃菲尔铁塔是这种情形的代表。埃菲尔铁塔是城市肌理中孤独的摩天楼。在美国，摩天楼代表着建筑物的矛盾性，它试图从视觉上控制城市，但向上的伸展超出了视景的范围。这一切发生在中心城市开始衰落和郊区城市开始出现的时代。摩天城市的结构不仅影响了工厂和贫穷的居住邻里所围绕的中心商务区，而且影响了中产阶级的郊区外环和富人的乡村居住地。充溢着绿色和车流的车行道服务于新兴的郊区城市。[53]车行道可以看作是无法在摩天城市中建设的公园的移置。[54]在本世纪初，这种新城市充分发展，取代了摩天"步行城市"；其规模将三倍于过去的步行城市。在等级（为中产阶级保留）和功能（居住）上实现分离的新城注定将取代原有的城市，而成为美国城市的主要形式。

52. 罗兰·巴特（Roland Barthes），La Tour Eiffel（巴黎：Delpire，1964）。
53. 最重要的车行道系统由罗伯特·摩西（Robert Moses）于20世纪30年代，建成于纽约——这个典型的摩天城市中。
54. 公园的建设与基于密度增长的城市概念相矛盾（公园将降低城市的密度）。

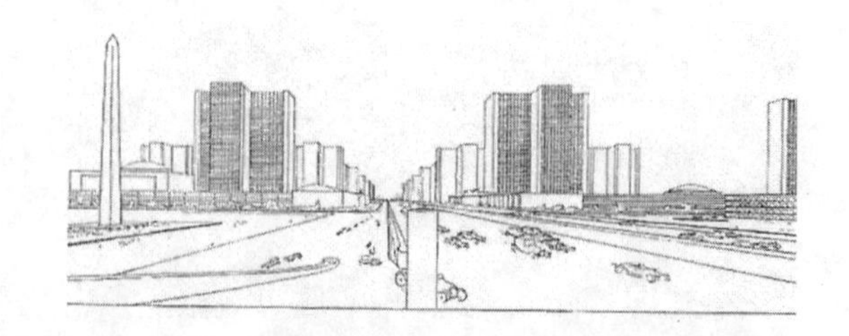

左：勒·柯布西耶的“当代城市”
右插：勒·柯布西耶式的规划拼贴

建筑在城市中

建筑在摩天城市中的角色是什么？摩天楼的设计使人们开始对美国建筑产生疑问，并开始对其识别性产生疑问，对美国与他的他者－欧洲关系的疑问。这也是对源于欧洲的建筑问题的质疑，这个难题使建筑本身陷入了危机：建筑在城市中新的存在方式，完全不同于前两次发生在欧洲的城市变异。建筑不仅不能确认其自身及其原则，而且处于危机之中，它正面对着新型城市形成中的创伤性体验，这种新型城市拒绝欧洲的建筑传统。“芝加哥学派的建筑师，致力于原创，在其鼎盛时期创造了第一座摩天大楼，以高质量和吸引力而著名。虽然，在复杂性上他们受到一定的限制，不如欧洲，然而他们的目的是建立独特的美国建筑，而一个欧洲影响下的建筑所能做的最多只能是对传统的革新。”[55]

城市在建筑中

芝加哥展览国际竞赛的官方计划完全是关于“形式的论辩”，也就是说，关于建筑。这为塔夫里提供了一个研究欧洲和美国建筑文化关系的理想语境，也为我们提供了研究现代摩天城市与建筑关联性的不可多得的机会。现代城市主义，这个20世纪初开始形成的建筑城市想像，依然是主导的建筑城市模型。它关联于第一种城市，即主要发生在话语领域和想像维度的文艺复兴城市。它是作为对现存肌理城市的激烈批判而出现。现代主义的核心人物，勒·柯布西耶，在20世纪的最初十几年，已经意识到原有的建筑实践将不可能继续存在。建筑实践的问题不仅在于工业化生产的冷酷和新型的劳动力的出现，而且在于建筑生产（新的建造技术）和复制（媒介）这一新方式的出现。面对这些危机，勒·柯布西耶提出三个消灭：首先，消灭古典建筑，使生存下来的建筑与时代精神相呼应；其次，消灭古典肌理城市，取而代之以现代主义客体城市；最后，消灭当代城市主义（即西特主义），因其以过去为模板，与新精神相抵触。最终，勒·柯布西耶力图确保建筑对城市主义和城市的控制，一个建筑史上的永久主题。在《建筑和城市的现实状态》（*Precisions on the State of Architecture and Urbanism*）中，勒·柯布西耶提出：“如果我们没有提前作出这个决定，我们不能真正进入现代城市主义：……通廊式街道必须摧毁。”[56]

55. 艾里，“走向帝国城市”；西席等著，《美国城市》。
56. 勒·柯布西耶，《建筑和城市的现实状态》（剑桥：麻省理工学院出版社，1991年），169页。

场景5

现代城市

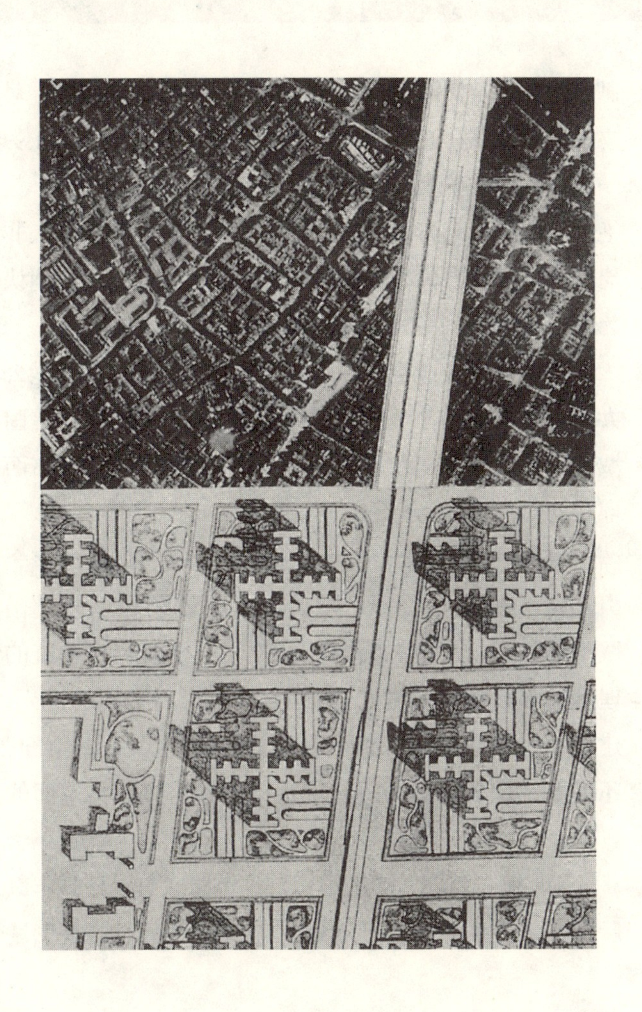

现代城市主义反对巴洛克城市的贯通策略，因为巴洛克城市保留了中世纪的肌理。“白板”是现代主义客体城市的出发点，建筑物的存在不再用于形成街道界面；白板消抹了现存城市肌理（继而，通廊街道），以允许新型城市形式的出现。“白板”的方式可以创造“美国”式的发展条件——广阔的，理想的未开发土地。与传统的通廊街道相比，现代街道将是城市的新器官。“作为交通的机器，……生产街道交通的工厂，当代街道以全新的方式呈现。我们在树下漫步，欣赏远处映射在巨大晶体中浮动的天空。行人在多层立体街道上移动，在商店中购物、在咖啡馆中闲坐，欣赏着树的海洋中浮现出来的迷人的建筑作品。”[57]

20世纪初，在现代城市主义思想影响下，欧洲建筑师想像了一种无法实现的欲求客体，即以美国城市为样板的现代城市。现代城市主义是从未得到实现的意识形态，主要出现在许多论文中，并被拙劣地改编在二战后欧洲的建成环境中。“当代城市”是早期的想像之一，最好地体现了与欲求客体的冲突关系。[58]“当代城市”围绕构成现代美国城市的三个基本概念进

57. 勒·柯布西耶，《建筑和城市的现实状态》，（剑桥：麻省理工学院出版社，1991年），169页。
58. 勒·柯布西耶，《明日城市和规划》，（重印，纽约：Dover，1986年）。

行组织：即作为自然基底（土地）的场布置客体建筑物以避免黑街道通廊的出现，道路的格网规划（不遵循杰弗逊先例），和笛卡儿摩天楼景观抑制和转换美国摩天楼年轻和热情的原创能量。[59]现代城市以不同的版本进行建设，从贫乏到奇异。欧洲的第二次世界大战和美国的城市更新推平了传统肌理城市，产生了白板状态，从而提供了布置现代主义建筑物所需的“自然”基底。

勒·柯布西耶对西特的通廊街道的批判模糊了这样的事实：他们对街道形式属性的质疑是基于两个不同的研究客体，因而在两个非常不同的方面发展。西特的研究对象是当代城市中公共空间的修复，而柯布西耶的对象是当代城市转变为建筑的变异。[60] 西特主张对欧洲中世纪和古典城市的公共空间形式进行分析，作为回归那些空间的基础，勒·柯布西耶批判的目的是形成“机器时代”的城市理论模型和建筑。

勒·柯布西耶对西特的批判产生了显著的“负效应”——它建立了持续20世纪大部分时期的一种对立关系。“公共空间”与“建筑性城市”被锁定在相互对立的位置。“公共空间”形式被看作完全由古典城市的运行机制所形成，是图形化的空间，类似房间的结构。这种对立的结果是将历史性欧洲公共空间的结构普遍化。在另一方面，当代城市，特别就街道系统和建筑物而言，是绝对抽象的，是与图形化空间不能相容的。西特主张非建筑的欧洲中心的公共空间的概念，勒·柯布西耶则认为公共空间是均一的“弹性体”而且是建筑的。

被定义为公共空间既定形式的转化和变异的其他公共空间结构的存在不影响欧洲话语。“既定形式”（美国城市正在探究的那种形式）遭到面向未来的勒·柯布西耶和面向过去的西特的反对。

将20世纪90年代[61]视觉艺术评论领域形成的概念引入建筑领域，有助于对现代城市主义的评论，对美国城市的认识。美国城市作为实在，挑战了我们对建筑的理解和观察建筑的方式。我们开始注意到平面的行为，建筑物的独立性，注意到不仅需要重新定义公共空间，还需要认识公共空间的建筑性结构和定义公共空间的方式。

勒·柯布西耶在实践中压抑了美国城市，而50年以后，柯林·罗（Colin Rowe ）在理论中压抑了美国城

59. 勒·柯布西耶，《光明城市》，奈特等译，（伦敦，Faber，1967年）。
60. 勒·柯布西耶，《建筑和城市的现实状态》。
61. 参见马丁·杰伊（Martin Jay），《低垂的眼睛》（Downcast Eyes）（伯克利：加利福尼亚大学出版社，1993年）；罗莎琳德·克劳斯（Rosalind Krauss），《光学潜意识》（The Optical Unconscious）（剑桥：麻省理工学院出版社，1993年）。视觉艺术领域的评论有助于看到现代主义以不可见的方式进行的艺术生产。杜尚（Duchamp）的作品对于不可见性，对于创作性的批判，和他对于既成事物的发现和对接收的关注更展现了这一点。

远左：勒·柯布西耶的“当代城市”
左：巴黎Place des Vosges
右：密斯·凡·德·罗的湖滨公寓

市。[62] 对于20世纪70年代现代建筑失败（源于建设一座新城的雄心，改善居住条件的社会雄心）的评论是建立在平面的图底关系阅读的基础上。柯林·罗使用图底关系图解释古典和现代欧洲城市的差异，但却将美国城市忽略了。柯林·罗的图底关系图在应用至现代欧洲城市时，却未达目标。他将古典城市投影到现代城市之上，压抑了竖向的灵感（如笛卡儿空中景观摩天楼，建筑后退和高层别墅的差异）。罗错过了利用图底关系方法分析美国城市的机会，图底关系分析中平面独立于立面的特性恰恰可以用作描述美国城市平面特征的第一步。

建筑在城市中

现代主义建筑——进而引申为现代城市——由在纽约的现代艺术博物馆举办的国际展览引入了美国。罗素·希区考克（Russell Hitchcock）和菲利普·约翰逊（Philip Johnson）的著作《国际风格》（International Style）进而确立了现代城市的地位。[63] 但是直至第二次世界大战之后，在密斯·凡·德·罗（Mies van der Rohe）的摩天楼概念（纽约的西格拉姆大厦和芝加哥的湖滨公寓，不同于他1929年在柏林建设的摩天楼）影响下，美国城市中的商务区发生转变时，现代城市才开始出现。美国对现代城市的接纳可以从几个方面进行，其中，最显著的解释是美国自殖民地时代就已形成的开放的特征。另一个因素是白板，在美国，白板是开发活动开始的状态，白板也是现代城市出现最重要的条件。

欧洲仅在第二次世界大战创造了白板状态以后，才开始了现代城市的建设。然而在20世纪50年代，现代城市逐渐让位于郊区城市，但是美国版的现代城市，可以补充郊区城市的现代城市版本，成为了商务中心区的样板，出现在60年代和70年代的巴黎（拉德方斯），80年代的伦敦（道克兰），以及90年代的上海（浦东）。

62. 柯林·罗和弗瑞德·科特，《拼贴城市》（Collage city），（剑桥：麻省理工学院出版社，1978年）。
63. 罗素·希区考克和菲利普·约翰逊，《国际风格》（纽约：W.W Norton，1996年）。

场景 6

郊区城市

1956年州际高速公路法案的实施，戏剧性地改变了郊区的发展速度，以及郊区与城市环境的关联。高速公路法案通过全国道路网络的建设得到实施，小汽车成为主导的交通工具，从而导致了公共交通的下降。小汽车的主导，也加速了步行空间、室外空间、公共空间的衰落并促进了郊区城市内部化发展。郊区化的过程中，城市边缘地区的增长速度超过了核心区的增长速度，在几年的时间里，新的城市形式，即郊区城市就出现了。新的城市形式以相对立的词汇进行界定：郊区（正向词汇）对应“中心区”或城市核心（负向词汇），居住地区对应工作场所，白人中产阶级对应黑人下层。城市场景第一次不再是一个综合的舞台，而是两个相对立的舞台（城市和郊区）。“城市疆界”[64]将郊区城市与乡村分离，后者在前者的扩展中，不断丧失着土地。

独户住宅和汽车的产业化使郊区城市的出现成为可能。国家贷款计划，二战老兵再就业和高速公路建设等方面因素则决定了郊区城市的发展。一战以后，大萧条期间的住房融资担保计划，第一次给予独户住宅显赫的地位。然而，郊区城市仅在第二次世界大战之后，当两

64. 肯尼迪·杰克逊（Kenneth T. Jackson），《杂草疆界：美国的郊区化》（Crabgrass Frontier: The Suburbanization of the United States）（纽约：牛津大学出版社，1985年）。
65. 德罗莱斯·海顿（Dolores Hayden），《重新设计美国梦》（Redesigning the American Dream）（纽约：W. W. Norton，1984年）。
66. 杰克逊，《杂草疆界》，21-25页。
67. 杰克逊，《杂草疆界》。
68. 安德鲁·杰克逊·唐宁，《景观造园的理论和实践：北美》（重印，华盛顿特区，敦巴顿橡园研究图书馆，1991年）。这本基于英国花园设计原则的著作，被推荐为“美国民主社会的建筑和花园设计理论”。

左：洛杉矶的快速路
右：汽车广告，电视广告

个因素，一个是社会因素，一个是自然因素同时出现时，才得以实现。第一个因素是老兵复员和妇女离开工作岗位成为国家优先考虑的问题。[65]但是，决定性的影响因素则是州际高速公路的建设，戏剧性地改变了郊区社区和城市核心区的发展形式和速度。

郊区，作为城外独户住宅居住区，独立战争前已出现在波士顿、费城和纽约。[66]作为一种生活方式：居住远离了工作地点，每日通勤前往城市中心上班的郊区，可以追溯至1815年左右。[67] 安德鲁·杰克逊·唐宁（Andrew Jackson Downing）在其造园理论中所描述的"乡村的住宅"正是代表着躁动、运动和移民的力量与美国文化中固有的家庭定居生活的矛盾的能指。[68]居住与工作的分离创造了新的城市情形，通勤者（主要是男人）驱车在第二次世界大战后建成的高速公路上前往城市工作，而将家留在了郊区。根据肯尼迪·杰克逊（Kenneth Jackson）的研究，四个（正向）特征界定了郊区的识别性：阶层、区位、住房所有权和密度。中高收入美国人开始远离工作地区，迁移到依赖交通的郊区住宅，有自己的庭院，面积上远远大于步行城市中的庭院和后院。相对较低的密度和较大的地块面积是战后小汽车带来的影响。这种影响在州际高速公路建成后呈指数增长。[69]

郊区可以看作是一个人口迁入、迁出的动态稳定状态，独户住宅起着关键的作用。在城市与反城市的意识形态之间[70]（和相关的城市与自然及住宅与城市之间）的摆动直接影响了独户住宅的客体情景：当自然被看作是负面的，城市赢得了住宅，住宅附着在城市肌理中。自然通过与草坪的结合，建立了一种新的结构，允许未附着于城市肌理中的住宅也出现在反城市的传统情境中。住宅本身已经改变，有客厅和门廊的两层结构消失了。赖特的草原小屋是一层住宅，没有客厅，而有车库，大面积的玻璃取代了门廊。建筑风格作为持久的标志创造了大规模建筑生产中的个性化，增添了木结构建筑的历史感。[71]

独户住宅的作用在于家庭建设，妇女成为全职的家庭建设者，男人是缺席的家庭收入创造者。[72]家用电器将家庭转变成妇女全职的工作场所。电视，作为新型郊区家庭的中心，承担了代表家庭生活的文化和意识形态功

69.杰克逊，《杂草疆界》，密度从有轨电车街区每平方英亩20000户到郊区10000户，地块面积从3000—5000平方英尺。

70. 黛安娜·艾格瑞丝特等，《建筑的性别》（*The Sex of Architecture*）（纽约：Harry N. Abrams，1996年）。

71.《女士之家》杂志以每套58美元的价格出售（价值1500—5000美元住宅的户型图，有详细的尺寸标准，有4个美国不同地区的建造商提供的造价估算）。

72.海顿，《重新设计美国梦》，第51页。

左：克拉伦斯·斯坦和亨利·赖特的新泽西雷得本规划
右插：莱维顿镇，长岛，纽约

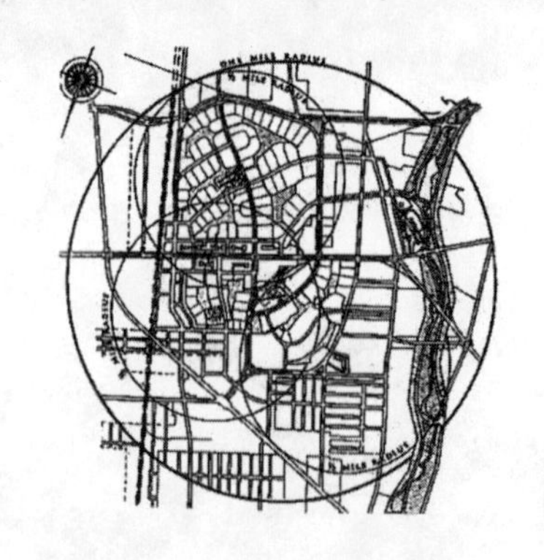

能，取代了传统媒介，制造新型消费者。然而，电视有着更重要的城市功能。在郊区的想像中，电视继汽车之后，重建了因迁离老城而失去的全部联系。汽车补充了住宅，电视补充了城市，独户住宅因而成为了城市重要的组成部分。汽车将住宅伸展至城市，电视将城市和其文化带至住宅，住宅成为了20世纪50年代视觉消费的场所。在某些情况下，它们取代了它们原本补充的东西。汽车最终成为了住宅（如可移动住宅），电视成为城市，因为，它占用了家庭太多的视觉时间，以至家庭很少光顾城市。

汽车的介入加速了公共交通和公共空间的衰落，产生了内部化的城市和郊区环境。这是主导当代X-城市的“玻璃鱼缸”效应的开始。通勤者从恒温控制的郊区独户住宅，驾驶恒温控制的汽车进入恒温控制的办公楼，他们在恒温控制的饭店享用午餐，回到办公室，在一天结束时，驱车回到家中。在他们的休闲时间里，他们在恒温控制的购物中心采购，偶尔进入恒温控制的多厅电影院。

克拉伦斯·斯坦（Clarence Stain）于1928年设计的位于新泽西州雷得本的早期开发项目，已成为最有影响的郊区城市样板之一。规划平面叠加了一个超级街区的结构，街区以二级联系道路为边界，通过与主路的连接，进而与快速路相通。规划也叠加了一个花园城市，有着弯曲巷道的画境平面。这个平面组织了郊区场，建立了一个对立结构：方格网与曲线道路，自然景观与机械秩序，顺应自然的起伏（场地与土地的特征相协调）与规则布局，英国式自然画境与大陆几何序列。在这个结构中，方格网协调着巷道和高速路的有机形态，地方和区域尺度。这似乎就是方格网在郊区城市中的新角色，一个已在洛杉矶出现的角色。与“古典”美国城市，通过方格网与大陆格网交汇或交叉进行空间组织不同，郊区是场的结构，两套与两种不同速度（快速路系统和郊区开发项目的慢速系统）相关的有机形态的交汇。快速路系统沿连续的，可追溯至早期开发踪迹的铁路线路伸展。这条线路沉积了大量的历史和地理文化。郊区本身采用降低行车速度、缩短视野的曲线型街道和限制车流的尽端道路进行组织。

虽然，建筑师如斯坦在郊区开发中发挥了重要的作用，但是建筑师的位置在郊区城市的建设中倾向于消失。[73] 目前，还无法肯定地说，建筑师将介入郊区城市未来改建建设中。但在法国，战后的郊区开发项目已在改建中。

虽然肌理与客体的对立描述了古典城市(肌理城市)与现代城市（客体城市）的主要区别，但却不能描述郊区城市的形式。郊区城市与现代城市相似，以虚体为主导，实体是场中的客体，然而，它呈现了与古典城市一些相似的特征。场被分成相似的地块，住宅呈现了类型上的相似，我们将其读作纹理，是不连续的肌理，不同于古典城市连续的纹理。郊区城市以一种肌理客体(Object as Fabric) 的状态，模糊和推翻了肌理与客体的对立。

核心区的肌理也发生了变化。中产阶级迁往郊区后导致的城市核心区的衰落，以及随后的城市更新，产生了一种新的状态，客体肌理（Fabric as Object)。白人从核心区到郊区的流动改变了老城的人口特征，促使老城开始衰落。规划师预言通信和媒介的大爆炸，将

73. 按照设计导则，联邦负责贷款的机构可以通过降低房屋抵押价值惩罚任何雇佣不遵从设计规定（如平屋顶）的建筑师的建造者。格温多琳·赖特（Gwendolyn Wright），《*实现梦想——美国住房社会史*》（Building the Dream: A Social History of Housing in America），(纽约: Pantheon，1981年)，247-248页。

左：1953年城市更新以前和1965年城市更新以后，康涅狄格州哈特福德市
近右：密斯·凡·德·罗的西格拉姆大厦，纽约，1954–1958 年
远右：罗伯特·文丘里为国家足球馆设计的广告展示墙，1967 年
右插：密斯的 IIT 园区，芝加哥，1974 年

加速高密度城市[74]的稀释和24小时自由接近的不设防的公共空间的消失。由于城市内部道路网络比城市间交通更便捷，城市开始了经济性（中层和上层社会与下层社会）和功能性（居住与商业）的分裂。这只是加剧了老城与郊区分离的过程，这个过程以新郊区领土的断裂为开端，为新的城市变异，X-城市准备了发展的基础。

建筑在郊区城市核心区中

两个建筑想像被注入了郊区城市，补偿了现实中的建筑缺失。第一个想像，中心城市，完好地体现在密斯·凡·德·罗的时代。源于过去，源于第一代现代主义，密斯在20世纪40年代末期和50年代的工程将现代主义建筑性城市置于美国城市之上。位于纽约公园大道的西格拉姆综合体强迫建筑物后退，形成从汽车中阅读“裙楼上的建筑物客体”的环境。在人行道上，建筑物在低层的肌理层上，相互挤压，形成界面。密斯以西格拉姆大厦营造了街道上的现代城市（客体城市）；它与非建筑性的肌理城市在人行道上并置。密斯在1932年文章[75]中所描述的新的范围体系，提出了速度所决定的两个视觉尺度。密斯反对以汽车的速度决定视景的观点：对于古典步行视点，高速公路“展开了崭新的景观”，不仅是乡村也是城市景观，不仅仅是植物，也是广告。对建筑的缓慢阅读是属于步行者的，但汽车创造了新的景观。“步行与汽车”的对立在密斯的城市工程中——伊利诺伊工学院校园和西格拉姆广场的客体步行场——允许了两种速度的并存，相对立地定义了新的范围体系。

郊区城市在建筑中

第二个建筑想像是关于郊区城市本身。这种城市变异的建筑学效果在文丘里的作品中得到最好地体现。文丘里在20世纪60年代中期和70年代初期的文本中反映了对50年代的反思。[76] 所有文本都是关于汽车，因而也是关于郊区城市。“驾驶者与步行者”的对立和“景观与建筑”的对立，被看作是驾驭汽车所释放的力量的努力：建筑等同于隐藏着功利主义结构的广告意象。[77] 广告牌和标志牌是关键武器，连同复杂性与矛盾性的概念，给予已筋疲力尽的现代主义以重重一击。这是又一个没有

74. 参考了梅尔文·韦伯的交通途径，“理论的灾难”（The Misforfunes of Theory）；艾格瑞丝特，《建筑从无到有》。
75. 密斯·凡·德·罗“快速路的艺术问题”（Expressuay as an Artistic Problem），《*Die Autobahn 5 (1932年)*》。在这很短的文字中，密斯描述了一个基本的概念。30年后，这个概念成为了文丘里《建筑的复杂性与矛盾性》理论建构的一部分。
76. 文丘里，《建筑的复杂性与矛盾性》。
77. 参考了文丘里作品中的流行艺术。
78. 意象和表面作为主导因素解释了对古典城市空间和现代主义基底场的概念的放弃。参见勒·柯布西耶，《建筑和城市的现实状态》。“迪斯尼化”可以看作是这种意识形态渗透到20世纪90年代的主题城市场所中的表现。

彻底完成的工作：现代主义已经被“埋葬”或未能经过批判的过程而适宜地埋葬。文丘里重复了现代主义在古典建筑被埋葬时的姿态，这解释了古典和现代主义的幽灵都不断出现的事实。[78]

建筑的障碍

郊区城市为建筑设立了巨大的障碍——形式语汇难以描述的障碍。它既不涉及建筑客体，也不涉及平面。它所涉及的是标志，特别是接收，即关于主体。这导致了城市问题的重构。因而出现了文丘里的视野，以此扩展了城市的定义。另一个主要变化来自布朗引入的规划师对于建筑整体城市观的批判。从那个观点出发，建筑将是关于“城市建筑物”的，完全放弃了古典城市空间，代之以意象；完全放弃再现与抽象，代之以幻影。[79]

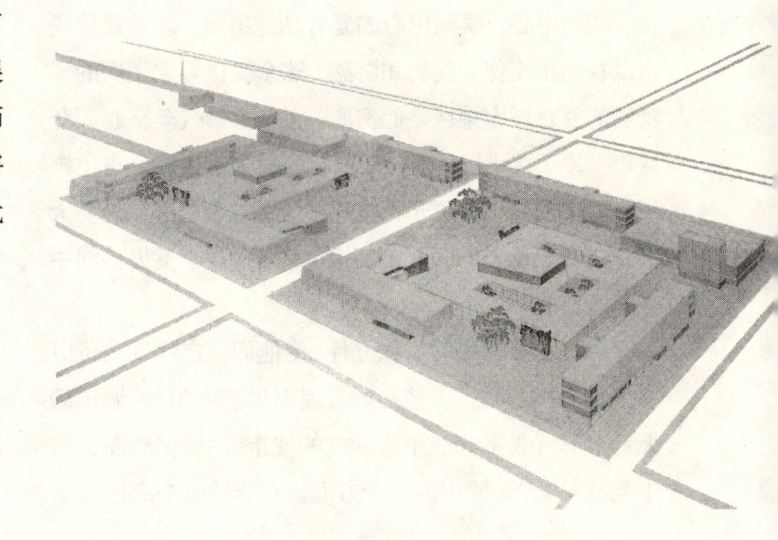

79. 20世纪90年代的拉斯韦加斯带回了幻影空间——沿主题公园模型的户外空间和作为电影舞台布景的室内空间。

第X幕

X-城市的发展

新的城市重构出现在20世纪70年代，并在80年代得到快速发展。从总体上，归因于经济的增长和以服务业为主导的产业结构转型，但更具体而言，是由于金融业的全球化。主要特征表现为郊外办公园区的发展，消弱了郊区与中心城市的对立，因而不同于二者对立的郊区城市。作为工作空间重构的一部分，白领劳动力，其中已含有较高比重的女性，迁往地价较低的二流办公区域。曾经仅有居住功能的郊区，已经成为了混合有办公楼、购物中心、娱乐中心的复合功能组团。新外迁居民可以在这里工作、购物和游憩。这个变化界定了新的多功能的复合城市地区，低密度，完全依赖汽车交通。X-城市（X-Urbia）已经使美国转变成为巨大的城市化疆域。[80]新的开发项目位于哪里呢？除了办公园区以外，大部分住宅也位于郊区城市的边缘地区，在一英里格网中或高速路的节点上。

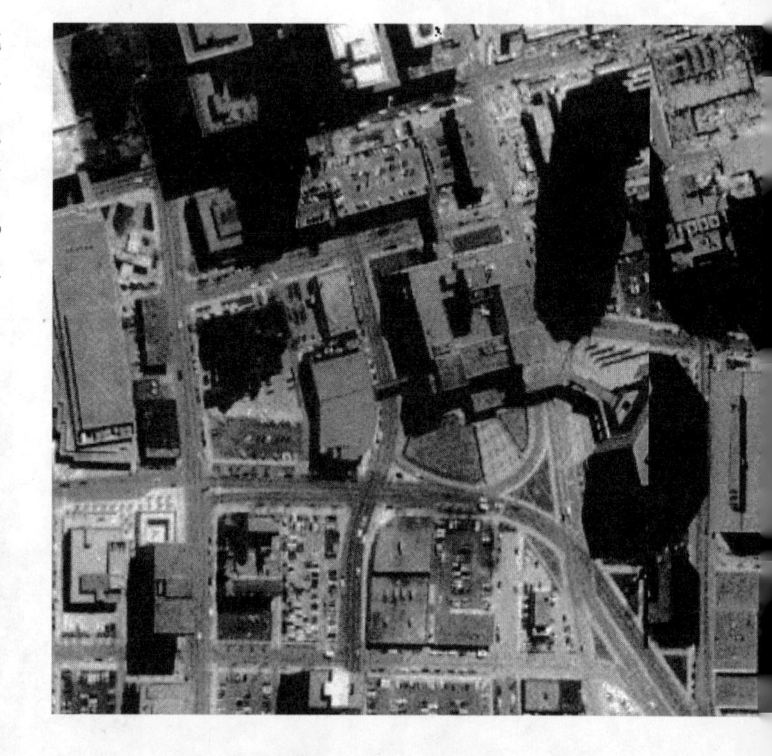

这些城市组团的半独立性，使他们一定程度上可以不依赖于核心城市。核心城市因而也演化为X-城市的大都市群背景下的一个半独立的城市“村”。然而，城市蔓延只是X-城市的一个方面。在老城的中心区，单

80. 盖德桑纳斯，《巨型建筑学的条件》（Conditions for a Colossal Architecture）；西萨·佩里《建筑和工程，1965 – 1990》（Building and Projects 1965 – 1990）（纽约：Rizzoli，1990年）。

左：艾奥瓦州得梅因市的空中鸟瞰
右：华盛顿，雷蒙德地区的微软园区

一功能的轻型产业区也经历了提升和保护的转化过程。虽然中心区居住建筑的空置还在继续，但轻型产业区的建筑物得到了提升，转换为居住建筑物，进而吸引新的购物和娱乐设施的进入，重复着发生在大都市区边缘地区的X-城市的过程。换言之，衰败的居住区和产业区的提升，与郊区居住区的低密度、汽车依赖型的X-城市化，是硬币的正反两个面。在这两种情况下，土地利用组合发生了显著的变动，而在形体和形式层面似乎没有什么变化。

然而，美国的老城中心区却在发生着形式层面的变化：停车场与坐落其上的客体建筑物与（或）城市肌理片断成为了城市的主导景观。快速路切入老城的中心区，形成了停车场、孤立的客体建筑物和（或）肌理片断。艾奥瓦州的得梅因市是美国几百个这类城市中的一个，中心区变成办公区，通勤者居住在郊外。在这个例子中，在高密度紧凑的中心商务区、办公楼群和停车设施，通过封闭的空中步行系统相连，环绕周围的是大于100英亩的地面停车场。高密度中心城区的持续存在打破了20世纪60年代规划师关于城市将消失的预言；80年代，中心区的增长速度高于二战后的任何时期。[81] 80年代经济的重构，不仅需要高密度的中心商务区，而且需要低密度的X-城市办公园区。

X-城市所带来的变化，定义了新的城市文明，城市不再以对立的概念进行组织，如不再是中心与周边的对立，而是多中心城市，不再是主导的整体与附属的部分之间的对立，而是无等级的片断城市疆域。虽然以往所有城市的变异都包含着与先前城市的某种对立，而当前的变异是在城市与郊区不断接近过程中形成的。因而，X-城市不仅从功能上补充了郊区城市，而且补充了以往的城市。这个新的城市是原有城市所缺失部分的补充，如欧洲主要城市缺乏结构化的大众旅游消费，这个缺点通过转型为主题公园而解决，如巴黎卢佛尔宫即是一例。这种补充最终以取代以往城市而结束，而以往城市被整合成为主题公园的一部分，或成为中立的、如画的或不可见的背景。例如，在曼哈顿的巴特里公园城中，华尔街成为空间裂解、功能提升的X-城市空间拼合的背景。这些变化影响的不仅是城市，而且包括建筑物，也不仅是外部空间而且包括内部空间，重新定义和扩大了公共

81. 萨森，《全球城市》。

和私有领域，公共空间进入了住宅中，而私有空间进入了街道。[82]

20世纪90年代的X-城市是由郊区城市阶段形成的一些郊区活动地区（如就业区、娱乐区）集约发展而来，这些地区主要位于重要的节点上，接近已存在的或新出现的X-城市邻里。办公园区和多功能影院在郊区的出现，将某些地区转变成为相对独立、分散的城市，以汽车交通为主导的交通方式。50年代郊区的分散邻里没有发生变化；它们已经年迈开始衰落。他们成为X-城市分散模式的要素之一。

老城中心区，即中心城市与外围城市被描述为两个对立的想像：城市想像和X-城市想像。后者即“边缘城市”，X-城市的别称，被看作是城市增长过程中的必要阶段，具有经济的必然性。中心城市被看作难以忍受的状态，当前灾难的写照，而边缘城市被描述为绿色伊甸园。城市主义与高楼和沥青相联系，比停车场还要糟糕。[83] 虽然边缘城市以个体的相对独立而存在，凭借汽车可以到达任何地方，而中心城市依赖并不理想的中心化公共交通模式。[84] 这种观点掩盖了维持X-城市发展的政府支持问题。[85] 在前者的想像中，中心区被看作是历史、城市识别性、多样性和文化的集合，不同于完全由经济因素所决定的边缘城市。中心区的状况决定于其与郊区的关系。蔓延，X-城市繁荣之所，也正是批评之所在。墙的比喻描述了这两种情况：“将穷人塞入局促的中心区，而郊区维持着隔离的墙”，或“将中心城市分离在郊区之外的边界”。[86] 边缘城市是以负面的形式出现，可能引发未来的环境和社会问题，而中心城市被看作大都市带发展中的“可能的未来”。打破这些墙，形成相互依赖的城市与郊区，所产生的积极的效果支持了这种“可能的未来”的预测：中心城市收入越高于郊区，区域的经济表现就越好。[87]而使这一切发生的方式，就是系统地合并新的增长区域，创造没有郊区的城市。

两个想像都忽视了某些偶然的出现，对于既定场所界限的蔑视，对通常认为“可能的”界限的蔑视，即不可预期事物的出现。这种偶然事件之一如妇女的就业，结束了郊区城市的想像和开启了X-城市之梦。妇女承担新角色的事实，打破了郊区的秩序，引发了女性对郊区想像所限定的角色的反抗，形成了X-城市产生的条件。这

82. 这些变化也影响视景场：不同计算机技术，如计算机辅助设计和仿真，虚拟现实意象和磁共振意象动摇了再现的概念，将视景与人类观察者分离。今天，视景位于字节的电磁图中，不再是古典的感知器和20世纪的模拟媒介，如照相，胶片和电视。
83. 高乐（Joel Garrean），《边缘城市——新拓荒者的生活》（Edge City: Life on the New Frontier）（纽约：Doubleday，1991年），45页。
84. 然而，这个问题不是仅仅关于私人交通与公共交通的对立，而且关于运动和交通的欲求。自步行和马背时代，这一点就是基本的功能。
85. 国家税收、高速公路和环境保护的法律鼓励郊区发展。
86. 皮尔斯（Neal R. Peirce），《现代城邦——美国城市如何在竞争世界中繁荣》（Citistates: How Urban America Can Prosper in a Competitive World）（Santa Ana：Seven Locks Press，1993），119页。
87. 同上，19页。

左：世界金融大厦，纽约
插：西萨·佩里事务所，太平洋设计中心，洛杉矶
右：SoHo，纽约

个事实从未进入60年代的规划理论和预言。始料未及的是，虚拟城市正向人们敞开，互联网提供了积极的参与可能（在商业领域而非政治领域）。伴随这些可能性的是新的机会，正在出现的对于新的非具象客体的追寻，将以无法预期的方式影响城市文明。

肯尼迪·杰克逊建立了郊区与外逸城之间的接续关系，城市与郊区两者相互补充，保持稳定，积极和消极的形象交替，外逸城是郊区的集约形式；当代的情形"回归中心区"被看作是郊迁的逆转。然而，80年代的中心区和郊区都不同于郊区城市中的原始概念。人们可以逆转杰克逊的理论，认为郊区城市在美国始于格网的城市发展过程中，是X-城市的临时阶段。[88]

"第X场景"或（X-城市）在我写作的过程中正在形成和发展中，在这一幕中，两个相似的对象，电视机和计算机显示器——属于两个不同的系统，模拟和数字，界定了两个不同的城市，郊区城市和外逸城市。电视是观察城市的窗口，[89]将城市带到郊区，其角色正在受到挑战，将可能被计算机显示器所取代。显示器开启了外逸城通往全球城市的可能，消除了国界，巩固了X-城市想像。虽然，国家的边界正在变得模糊，但是，地方的边界正在建立。郊区城市的动摇和X-城市出现的过程决定于黑人中产阶层的发展，这个阶层向郊区的流动，模糊了黑人与白人的对立关系所影响的城市与郊区的对立，这个新想像加剧了离心动力，面对这个动力，发展商建立X-城市的封闭社区：郊区目前是犯罪发生的舞台。

88. 杰克逊，《杂草疆界》。
89. 托马斯·柯南（Thomas Keenan），"脆弱的窗口"（Windows of Vulnerability）。布鲁斯·罗宾（Bruce Robbins）编，《公共幻影空间》（The Phantom Public Space）（明尼阿波利斯：University of Minnesota Press，1993年），121－141页。

插：麦斯（Macy）百货大厦周围的监控系统

封闭社区是X-城市有装备的居住区，建设在美国大都市的边缘，使用潜在或实质的围墙与外界隔离。这些围墙不同于都市人试图控制城市蔓延的生态墙或边界。[90]

这些变化不仅出现在城市客体层次，而且（也许主要）出现在城市主体层次，即X-城市所界定的主体。可以通过一个郊区居住地从想像的郊区景观向想像的暴力领域转化的实例完成主体的建构。这个实例不是关于空间结构的方式，而是关于人们通过媒体，特别是电视剧"警察"（Cops）对这个空间的感知方式。[91]

"警察"是一部每日播映的电视系列片。每一集围绕三个发生在不同城市的事件展开。在每一个事件中，镜头跟随一队警官，从他们将去逮捕一个罪犯开始。虽然，不是舞台剧，但是，节目经过了认真的编排。例如，行动永远发生在郊区，郊区鸟瞰在画面中出现。首先，镜头位于汽车中，展示驾车警察的轮廓，同时警察解释着这个案件，或位于警察的位置，拍摄风挡玻璃外的景象。犯罪通常发生在X-城市中，（房车公园和其他衰败的郊区环境），或发生在郊区住宅或公寓中。郊区现在是犯罪发生的舞台。罪犯多数是低收入的郊区白人，陷入吸毒和暴力。而且许多故事是关于家庭争端，这与50年代所描述的家庭生活截然相反。

"警察"的有趣之处是我们在90年代看到了与50年代郊区生活相同的要素：郊区住宅、汽车、电视。然而这些要素累积形成两个完全不同的序列。在第一种情形，50年代的郊区中，汽车和电视代表私有与公共，内部与外部关系的重构，使郊区区别于传统城市：强调私有化和内部化。当汽车成为住宅的延伸，风挡玻璃成为新型的（私有）窗口，框定外部（公共）空间时，电视屏幕成为公共空间侵入内部家庭空间的入口。

在20世纪50年代的郊区城市，汽车和电视是"看"的不同工具。在20世纪90年代，外逸城的观察者是被看的角色。在"警察"中，汽车代表了法律之眼，电视构架了住宅。郊区的观察者被定义为司机，在以一定速度行驶的汽车中，通过风挡玻璃观察景象。这与古典城市中，城市步行者以缓慢的步行速度进行的观察不同。X-城市观察者，这个可以随时在电子空间中旅行，在几

90. 外逸城是边界不断扩张过程的物质体现。
91. 这个电视节目是约瑟夫·乔所选的研究题目。乔是我在普林斯顿大学建筑学院城市主义研讨课的研究生。

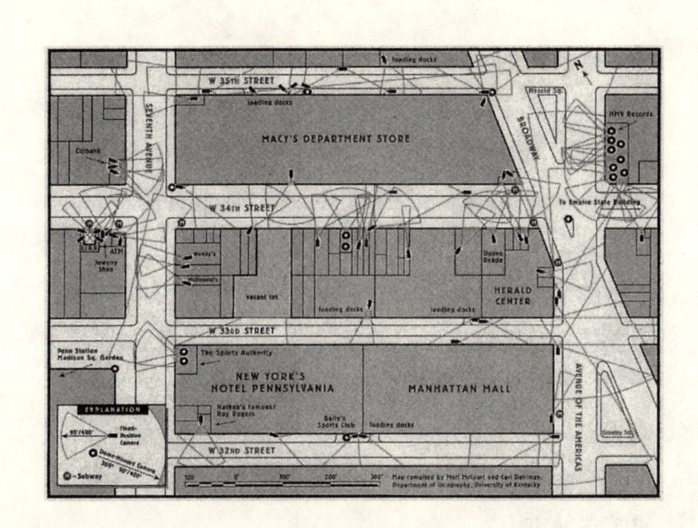

百个电视频道中移动，在互联网上冲浪的主体，同时被定义为监督的客体。

20世纪90年代技术政治的变化改变着私有空间，后者已越来越多地由机械（电话－传真－电子邮件－互联网）所建构，私人信息流动的范围扩大。然而，在信息民主和警察与政府的共存机制中，存在一个痛苦的矛盾：警察权利的延伸平行于个人通信的民主渗透和透明。建构和界定私有空间的技术也侵犯了私有空间。[92]

监督影响着公共空间与私有空间的边界，使其日益透明。而且监督影响的不仅是现存的固定空间边界。警车的不停息的流动，产生了运动的临时边界，一个潜在的墙，流动中的汽车的车窗使其通透。这面墙，与美国大都市区边缘大量出现的X-城市封闭社区的实质的墙相类似。

为什么墙非正常地回归？在想像的层面上，墙是防卫的形式，是对于X-城市暴力的回应。既然私有被侵犯和迷恋到如此程度，那么相伴随的私有化反应（家族的、国有的、民族的）也就是必然发生的了。[93]这些墙虽然毫无用处，或者总会被实体或者虚体所刺穿，然而，在想像的层面上，他们实现了他们的角色，同时，也展示了外逸城符号领域的一种新关联。虽然郊区城市的符号世界以城市和郊区的分离和再连接来架构，而X-城市使（曾经扩展的）客体的边缘——主体的视景出现了问题。虽然连接郊区的机械（汽车、电视）改变了私有与公共、内部与外部的关系，而X-城市边界的出现改变

92. 雅克·德里达（Jacques Derrida），"Questions d'Etranger," in Anne Dufourmantelle Invite Jacques Derrida a Repondre，de l'Hospitalite（巴黎：Caiman-Levy，1997年），57页。

93. 同上，51页。同时参见博耶（M. Christine Boyer），《数字城市》（Cybercities: Visual Perception in the Age of Electronic Communication）（纽约：普林斯顿建筑出版社，1996年）。

左：香港的中央商务区
插：亚利桑那州的开发活动

了私有与公共、现实与虚拟的关系。

从建筑的观点，这些墙的符号作用在缺少平面的情况下，可以被标记或实体化在立面中。大都市的持续扩展引发了对边缘的质疑，边缘的缺失；在符号层面，疆界取代花园成为主要能指——花园是郊区城市的主要能指。由于蔓延模糊了大都市的边缘，边缘的标记成为难以解决的问题：封闭的社区，城市疆界，[94]有界的自然保护地。虽然郊区是城市的一部分（城市－郊区），分隔文明与蛮荒[95]的疆界却以不同的方式出现在城市、郊区城市和X-城市的场景中。城市内部疆界建立于作为“自然要素”的“内城人口”与基于现状肌理内在差异寻求高级化的“城市拓荒者”之间。在郊区，城市疆界建立于流动的警车上，正如在电视片“警察”中建立的想像的安全墙。而在X-城市，城市疆界是新社区的墙（实际的或想像的），以此与外部世界相分离；外部世界居住的不是城市或郊区宠物而是野生动物：佛罗里达的鳄鱼，纽约和新泽西的鹿和狐狸；不是郊区的白蚁（袭击住房），而是危险的昆虫（袭击身体）。

墙也许是对中心区进行符号识别的结果，中心区是一个没有实质墙（或物质墙，如互联网）的场所。他们是平面所缺少的事物在立面的复归。他们是虚拟世界所缺少的事物，在物质世界的复归。监督的墙，如我们所知，既保护又侵犯我们的私密。在X-城市中，中心化的监督或普遍化的监督，定义了两种不同的模式：恐惧模式，警察控制了监督；或另一种想像模式，“警察”中所体现的，警察在被看的过程中，本身也受制于监督。

建筑在城市中

20世纪70年代是重要理论产生的时代，而20世纪80年代则是城市工程的建造年代，尤其欧洲（巴黎、巴塞罗那、柏林），也包括亚洲启动了许多城市尺度的工程。然而这些工程的设计还采用早期现代主义或某些忽视X-城市的后现代主义观点。事实上，建筑基本上忽略了X-城市。

94. 城市疆界保护城市改善地区免于成为贫民窟。见尼尔·史密斯（Nell Smith），《新都市疆界》（The New Urban Frontier: Gentrification and the Revanchist City）（纽约和伦敦：Routledge，1996年）。

95. 史密斯，《新都市疆界》。

城市在建筑中

具有建筑对抗性的X-城市不仅在美国而且在世界传播，引发一个关于城市和建筑值得关注的问题，至今尚未得到理论解释的美国城市的识别性问题：建筑在城市建设中的角色和有关建筑坚持这个角色的问题，换言之，坚持城市作为建筑的永恒客体的问题。

虽然，郊区城市提出了两种城市类型在空间上的对立——一种是欧洲与古典，另一种是美国与现代——X-城市提出了与以往美国城市变异在时间和空间上的关系。随着城市定义的扩展，X-城市表现为城市识别性建构过程的最新的阶段，这个过程包括以往的三种美国城市：格网城市、摩天城市和郊区城市。

由于X-城市拒绝通常意义的建筑，而且由于建筑仍然坚持与城市（一个已多次根本性重构的城市实体的能指）的关联，因此，建筑与X-城市发生联系的可能策略需要研究自建筑形成以来，二者关系的历史和理论。

第2章　美国城市识别性

美国城市在二战后经历了巨大的变化。仅仅50年前，美国东北部较为古老的城市以及大多数其他地区城市的中心区在城市结构上和欧洲城市还很相似，特别是城市街区，为轮廓分明、连续的临街界面所界定。尽管在纽约和芝加哥，摩天楼造就的参差不齐的天际线和战前高层建筑创造的尺度形成了独特的城市景观，但他们紧凑的城市肌理却令人回想到欧洲的传统。而像洛杉矶这样由大量分散建筑物所构成的一些美国城市，看上去却是非常不同。尽管如此，洛杉矶仍是一个成长中的城市，我们可以预期，在未来，它也会追随美国东部城市紧凑的发展模式，并最终发展成为类似的城市形态。然而，战后郊区化进程建立的分散发展模式，影响的却不仅限于那些“年轻”的城市。现在，甚至在纽约这样的城市，联排式建筑的建造都变得十分鲜见——例如巴特里公园城有着类似于战前城市的肌理，而分散是城市发展的模式。近10年建造的那些巨型建筑物趋向于成为独立的客体，被动地表现出与人行道调和的姿态，而非主动地探索与人行道建立新的关系。

这种从紧凑到分散的变化在某种程度上揭示了从前并不很明显的美国城市识别性。分散模式——作为美国城市识别性的一个结构性差异特征，被美国老城那种沿袭了欧洲传统的紧凑街道界面所模糊。欧洲与美国城市根本区别之一就是平面和建筑物的关系，以及建筑物之间的关系。[1] 在美国城市中，建筑物从来不会严格地服从于平面，而是倾向于彼此独立。甚至于当它们共同组成一个临街界面时：这种分散模式永远存在着某种程度的可阅读性（在历时仅一个多世纪的传统紧凑街区中，分散的特征依然存在）。相反地，欧洲城市的紧凑肌理通过建筑要素，如明显的水平飞檐加以强化。[2] 郊区城市，在实现分散的潜能方面达到极至，代表了最强烈、最有效的强调美国城市结构差异的努力。

郊区城市可能是探寻美国城市识别性的最后的1章，这种探寻是美国城市史的重要组成部分。这个困难的历

1. 街道在美国和欧洲有着不同的象征作用。在欧洲，城市广场是最主要的城市公共空间，街道则次之。而在美国，“主街”才是占主导地位的城市公共空间。欧洲的街道由于其统一协调的临街界面而成为城市空间，在美国，街道则是用以缝合分散街区的虚空间。欧洲的街道往往在城市中还起到一种协调的作用，而在美国，街道往往带来的却是城市空间的分割。加利福尼亚州圣莫尼卡的威尔榭大道和巴黎豪斯曼大道代表了两个极端的情况。
2. 当建筑飞檐来到美国，它们成为强调每栋建筑物独特性的细节，而不是联系单体建筑并将它们整合为统一城市肌理的元素。

插图：费城鸟瞰，1855年
近右：伦敦圣詹姆斯区，诺克地图1746年
远右：密歇根州底特律1764年规划；凡尔赛规划

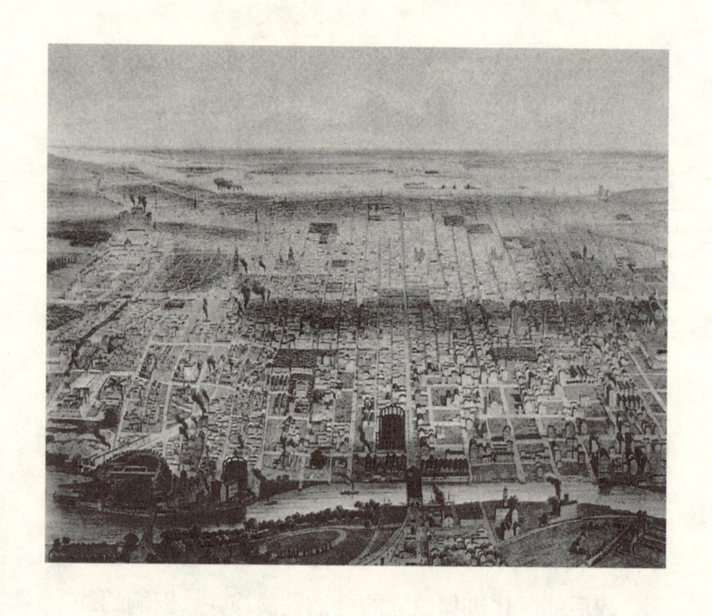

程是在与欧洲城市一种复杂的、异同并行的过程中逐渐发展形成，就像前面的章节所述，它同时也刺激了美国城市结构的不断重组。这也是一个被两种矛盾力量推动的过程：一方面是通过认同建立一种秩序，体现在模仿欧洲城市[3]的倾向中；另一方面，则是试图通过城市平面和建筑类型的创新，建立根本的差异，来创造新的城市识别性。波士顿和曼哈顿在其建立起城市格网系统之前是前者的典型；而佐治亚州萨凡纳规划和摩天大楼则是后者的典型。

城市识别性探寻过程所影响的并不仅仅是美国。作为欧洲的他者，美国对于大西洋两岸城市的识别性的建构都有着重要的影响。他们之间的关系不仅仅是一种相互交流，而是一种基于认同和欲求的复杂的舞台表演。在这个过程中，彼此都对另一方充满向往，并以不同的方式探索他们自己的识别性建构。欧洲占有他者的愿望定义了20世纪前欧洲在政治、经济和文化的各个层面与美国的关系。而美国对欧洲的认同即成为欧洲他者的欲求，定义了这种不对称关系的另一面[4]。城市于是以不同的方式成为了这些欲求在三维空间上的物质具象：美国作为处女地是面向未来的场景，而欧洲作为有着悠久历史文化的建成环境是历史的记忆。[5]这种斗争的一个实例就是19世纪末芝加哥的沙利文（Louis Sullivan）与伯纳姆（Daniel H.Burnham）的对抗。沙利文和

3. 城市的识别性只能以不同的方式形成：城市的一些特征、属性和品质都应看作是差异。（如格网与非格网，分散与联体，高层和低层等等）。
4. 黛安娜·法斯（Diana Fuss），《认同》（Identification Papers）(纽约：Routledge，1995年)，11页。
5. 欧洲城市先于美国城市存在的事实，并不意味着二者存在识别性完全对立的关系。虽然，可以认为欧洲建成城市的识别性可以被认知，不同于尚在识别性建构阶段的美国城市。然而，美洲大陆发现后，欧洲城市发生了显著的改变，城市结构在持续的识别性建构过程中不断重构。

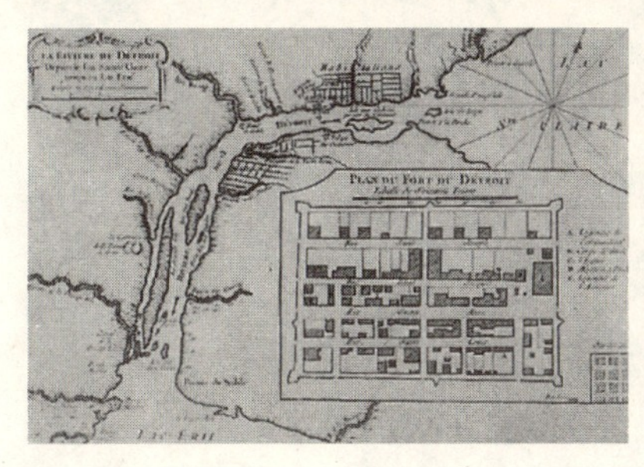

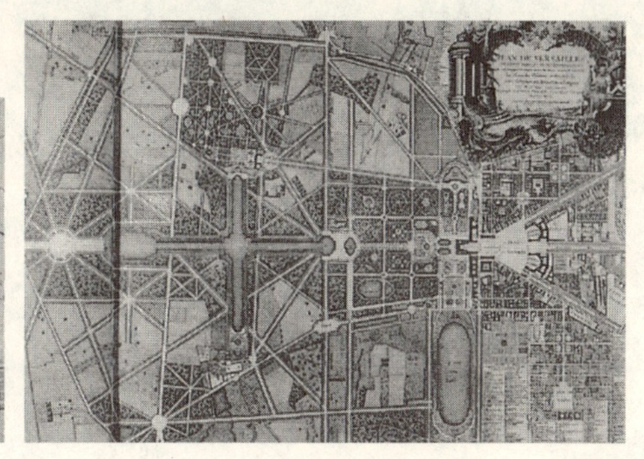

伯纳姆分别代表了：一种处于建筑语言边缘的“新的美国建筑”和希望在“欧洲的基础上战胜欧洲”的欲求（也就是在欧洲建筑风格内的探索）。

美国定居点的建立是欧洲开始管理和控制这个新殖民地重要的第一步。一幕书写在城市平面中的差异的戏剧,深留在创造美国殖民城市的识别性与巩固欧洲帝国城市识别性的一系列的对立要素中。话语维度的对立在当代对立的城市实在中得到表现：大尺度，整体的美国城市规划投射在未开垦的土地上（如1684年的费城），相对应地，片断、局部的欧洲城市干预介入欧洲城市肌理［如1685－1687年的凯旋广场（Place des Victories)、1661年大火前的布鲁姆斯伯里广场(Bloomsbury Square)和1720年大火后的格罗夫纳广场(Grosvenor Square)]。这种话语维度的对立也表现在形式方面：美国的二维格网形式，如1701年密歇根州底特律城市规划，与相对应的欧洲纪念性空间序列，如凡尔赛宫（1661－1708年）。

因为城市规划非常不同，对于美国殖民地而言，建筑物和城市肌理通过相似与转化的戏剧演出成为了对欧洲城市认同的场所，提供了通过扭曲的镜子，复制熟悉的欧洲城市意象的舞台。这种复制的结果正是一种对其殖民地身份，对美国城市平面结构（代表其欧洲殖民地角色，表达了欧洲建筑的城市想像）与欧洲城市实在（特别是其城市平面和纪念物）之间根本差异的否认和隐藏。

因为从一开始，新世界就被视为“空闲的空间”。这个虚体的填充就要求欧洲殖民者建立一种秩序。这就为建筑（准确地说，其角色是建筑物形式秩序的机构）提供了成为美国城市辅助建造者的机会，如嵌入在印地法(the Law of Indies)、法国防御城镇（Bastide）规划和英国格网规划中的建筑秩序。建筑在新世界的角色，其与美国城市的独特关系，展示了建筑在大西洋两岸的极端不同的角色。在欧洲，建筑与建成城市的关系永远是确定建筑自身识别性的中心。而在美国，建筑担当了城市识别性建构的初始角色（虽然也经由政治和经济的调和），其后转至边缘位置。

建筑并不是欧洲城市奠基时期（即中世纪城市[6]）的一部分。城市想像的建构使建筑介入了形体城市。在欧洲文艺复兴中，建筑主要通过“减法”，设计虚体空间而非实体的方式介入了中世纪城市。在欧洲城市虚体空间中，建筑找到了城市实践的场地，即公共广场和街道。欧洲城市是完全自然形成的，是各种政治和经济力量共同作用的结果。与此相反，美国则提供了一个可以进行城市规划设计的空白地。在美国，建筑是先于城市发生的，而在欧洲，建筑的介入则是发生在城市建造之后。在欧洲，城市为建筑和空间所不时打断和加强，而在美国，城市规划将建筑分散于城市中。建筑的作用是在政客或者企业家为城市发明新的平面时重新建立一定的秩序，或是在城市类型实验中（如摩天城市）引入一种新的秩序。19世纪末，纽约中央公园是一个鲜见的建筑介入和超越城市平面而实施整体设计的实例。建筑与城市的广义关系，从来就没有最终建立，永远处于建筑师的控制和整体性欲求之外，永远是建筑所面临的问题。[7]

美国独立后，城市识别性的建立具有了更为迫切的需要。虽然在欧洲，建筑已经主宰了几个世纪的欧洲城市想像，但是在美国，建筑却无法成为新的城市想像的发生器。在美国，具有建筑知识的政客和企业家创造了追求城市识别性的想像，而建筑师则在长时间内被边缘化了。这种移置的结果就是，追求模仿和改变的矛盾力量启发了那些幻想，不仅导致了城市结构的建筑学重构，而且所产生的脱离建筑学逻辑的形式变异根本性地改变了美国城市。

独立战争后，美国城市想像的特征之一是它们对“统一”的推动力。[8]就这方面而言，城市想像的形成平行于建立统一民主社会的新的社会想像的建构。社会想像提供了将社会描述为一个完整的主体的方式——隐藏了不能整合入系统秩序的反对力量——而城市想像允许我们将城市描述为一个相互关联的统一实体。[9]

在美国社会想像中，统一的民主社会的建构决定于解决社会分裂和敌对问题的需要。[10]——这些敌对不仅来自外界，来自多元的殖民地文化，而且来自内部的一

6. 实际上，建筑学的形成是打破中世纪建造实践的一种尝试。参见阿尔伯蒂，《论建筑》的序言。

7. 华盛顿特区是这个规则的特例。在这个城市的初期和发展阶段，建筑都发挥了重要作用。

8. 这种特征为城市和建筑想像所共有。这也许可以解释二者在美国城市现代主义想像中的交汇。虽然欧洲有着建筑想像的总体特征，但建筑师们只是部分地实现了他们的期望。而在美国，城市排斥建筑想像和建筑师，仅在一些特殊境况下，建筑想像才能实现。例如，1892年芝加哥哥伦比亚展览会建设的白色城市，只是一个临时的结构，一种海市蜃楼而已。

9. 社会想像的作用在于建立一种社会景象：社会中各种阶层的力量不是敌对，而是互为补充的。参见齐泽克，《马克思怎样发明了表征？》(How did Marx Invent the Symptom?)齐泽克编，《意识地图》(Mapping Ideology)（伦敦和纽约：Verso，1994年）。

些因素，来自独立后，不同美国“部分”的独特性和多样性，来自地理的多元性，尤其是来自被我们称作美国的对立文化。[11]民主的建立意味着秩序内部和外部分界的消失。这些分界既是必要的（他们是秩序存在的条件），又是没有意义的，他们永远不可能阻止使社会不断重组的差异过程(这个过程解释了社会识别性的无终结性和开放性特征)。[12]

城市想像也起到了统一的作用：以1英里为尺度单元的城市格网忽略了地理差异而建立了一种冷酷强硬的秩序；摩天城市则提供了让人感知城市作为统一实体的整体逃逸感觉；郊区化的进程推动平等的独户住宅沿着高速公路的蔓延；现在的“信息高速公路”，万维网的“拉入”技术构建了一个全球的公共空间：在这个空间里面，信息自由产生和交换，毫无障碍地流动。[13]

美国城市永远处于转换中，在其发展和变化的过程中，城市识别性的无终结性和开放性特征变得更为明显。困扰城市识别性建立的主要问题在于组成美国城市识别性的不同秩序不断地遭到城市本身的对抗和威胁：变化的事物（城市）是不可能被固定的。那么这种不稳定的城市识别性如何建立呢？通过三次美国城市变异，通过城市想像的发展，建构城市形体领域的行动发生了。这些行动与政治经济力量作用下城市一般性发展过程中的特定情形相联系。每一种情形下，一个重要的能指形成了符号领域的根本重构。

1. 疆界是国家边界扩张的过程，作为行动和结果的链，与采用大陆格网、中性地理学和统一多元景观的大地测量过程平行发展。格网的建立（即以几何形态的相似压制彼此的差异）模糊了美国作为分散的物质和社会碎片集合体的事实。联系村庄、小镇、城市和现在的大都市区的交通和交换网络粘合了这些碎片。

2. 城市聚集的向心化过程，即摩天城市和城市的建设和毁灭(历史实际上从这里开始，“美国”类型的出现，以及建筑立面从平面中的解放，重申城市是独立建筑的集合体的概念，具有一种为方格网所忽视的多样性)。自由的推进掩盖了阶层、种族和性别的对抗。

10. 大联盟以巨大的成本建立了一种政治秩序，试图消除各州的分隔。民主政治想像中的自由和平等，从一开始就限定于白人即盎格鲁美国人。这种限定产生了巨大的空间影响。这种排斥性从美国内战到1997年比尔·克林顿的“族裔计划”不断困扰着社会的统一。

11. 首都本身曾是一个备受争议的场所。1873年“绝望中的议会，通过了两个首都的规划”。雷普斯，《美国城市创造》，241页。

12. 宪法修正案证明边界开放性的必要。

13. “拉”和“推”指的是通过万维网和电视接收信息的主动性和被动性。它同时还指出广告的缺席。在电视中，广告被强加给观众。这也是因特网初期的特征。

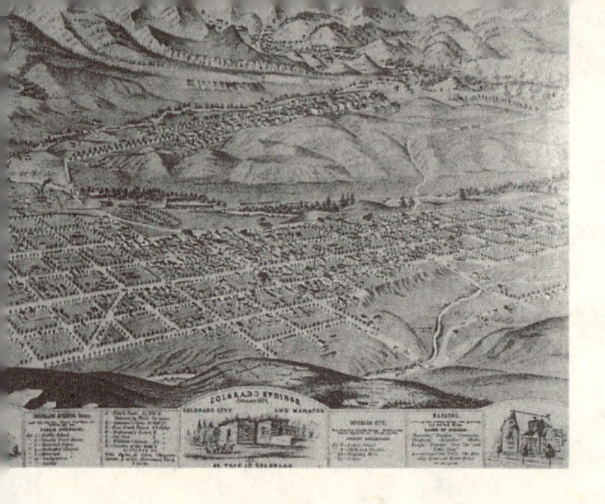

3．城市蔓延的离心化过程消解了传统的城市结构，在想像中将其转化为花园。道路而不是建筑物和空间成为了城市秩序的装置。美国高速公路网的全面建设对美国城市蔓延起了决定性的作用，而全职家庭主妇的存在也支持了郊区城市。

4．城市文明的全球化进程。城市和非城市的区别失去了其本来的含义，代之以现实世界和虚拟世界的区分。互联网是一个全新的交流场所，新的公共和私有空间在网络中建立。互联网根本性地影响了以往的城市。

城市格网和平面秩序

美国城市平面秩序的建构发生在两个阶段。第一个阶段是欧洲建筑（模仿）想像的实施，因而，它不同于当时的欧洲城市平面。殖民时代格网的持续使用，揭示了有着不同文化背景（首先是西班牙，然后是法国，最后是英国）的殖民者，所共有的欧洲殖民想像——城市格网平面。[14]不同格网表面上的相似性，也被认为是殖民地城市规划的一般通性，消弭了一些规划的特殊性和持久影响力，如佩恩的费城规划或者是詹姆斯·奥格尔索普（James Oglethorpe）的萨凡纳规划。

继早期殖民地零散的格网之后，1英里格网（或者大陆格网）所代表的统一化进程可以看作是美国格网平面形成的第二个阶段。构造了大部分的美国疆土的大陆格网，出现在独立战争之后，是鲜明的美国式平面。大陆格网由杰弗逊首先提出，与早期任何城市格网没有直接联系。它可以被看作是走向差异的一步，在统一和尺度方面发生了剧烈变化。

大陆格网代表了一种崭新的城市发明，是对欧洲模式的摒弃。城市发明并不在于格网本身。据记载，早在1765年俄亥俄州的第一个定居点的规划就隐含了1英里格网模式。[15] 1785年的土地法令的新特点在于明确格网不仅是农村定居点模式，而且是未来城镇规划的模式。伴随着界定市镇的1英里格网向西延伸至太平洋，规划工具和测量工具合并成为一种工具。美国的定居者跨越阿巴拉契亚山脉的屏障，进入俄亥俄河谷后，他们将第一代移民者带来的“欧洲城市模式”丢弃在身后，将格

14. 雷普斯认为美国城市的格网秩序有三种不同的来源。首先是印地法，远在英国殖民者来到北美之前，简单的建筑格网奠定了西班牙城镇的基础。其次是法国防御城镇的更复杂的格网平面。最后是伦敦大火后的建筑性城市平面代表了第三种城市结构（雷普斯，《美国城市创造》）。前面两种平面类型依然存在，并共存于以英国和美国式平面为主导的平面中。虽然“西班牙和法国的格网平面是美国早期一些不连续的片断，……它们的遗产还相当明显，只是它们在现代社会，正在消失。”库恩，《美国景观的创造》一书的导言。

15. “另一个城镇可以接入，只要采用同样的规划平面，而且同一根线，可以任意多地接入。”雷普斯，《美国城市创造》，210页。

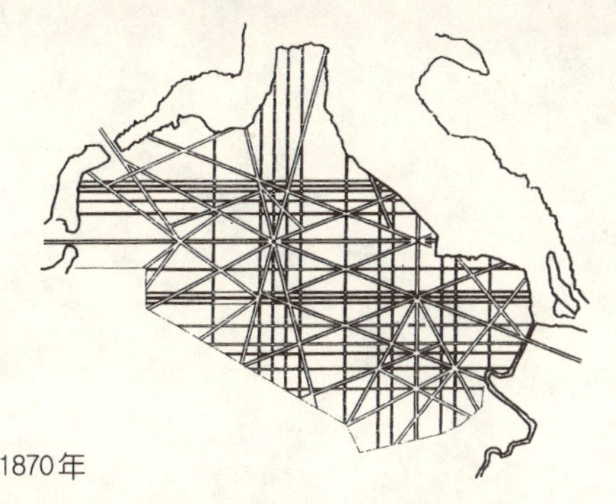

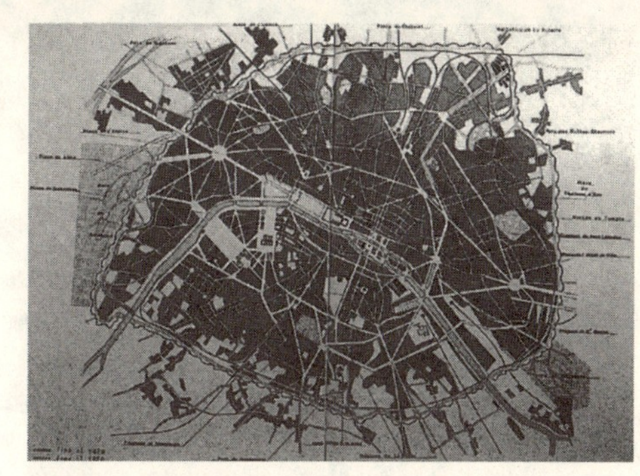

左：科罗拉多的春天，科罗拉多州，1871年
右：华盛顿特区规划；豪斯曼的巴黎规划，1870年

网作为建立新城的工具。巨大的格网不仅成为城市的结构，如芝加哥，而且它预示了未来小汽车主导的城市尺度，[16] 确定了大都市的骨架。例如，洛杉机的格网将古典尺度的格网城市，如圣莫尼卡、帕萨迪纳等和洛杉机的中心区联结在一起。[17]

1965年雷普斯曾写道："美国就像是在自然景观上叠加了一个由测量师按照大陆议会要求建立的巨大格状烤架。"[18] 然而，尽管当时种种迹象已经出现，他没有能够预测到其后30年，格网对美国城市转变的影响。现在，大部分疆域为郊区城市和X-城市覆盖的事实表明了格网的失败。这些新的城市按照"有机"的模式，以浪漫主义的规划，英国式花园和高速公路结构与原有的格网地区（它们本身从未保持一致）并置或叠加其上。

隐含在民主和大陆格网之下的笛卡儿哲学进一步消解了美国起源的概念。事实上，我们面对的是欧洲的哲学观念在美国的实施。这种矛盾性体现在非认同本身包容着它试图否认的识别性：大部分美国格网，即大陆格网是来自欧洲。作为美国联邦代表的华盛顿特区也存在同样的问题：华盛顿特区规划以法国凡尔赛为原型。华盛顿特区是代表帝国绝对权利的理想城市，[19] 然而，在剖面上，却追随了巴黎模式。[20]

那么"格网"，作为早期美国城市规划的基础，是一种建筑和城市结合的产物，或者只是一种简单的几何秩序？

格网包容了两种不同的几何形式。第一是度量几何，利用欧几里得几何学要素的经典比例，如线、面和角度的相等和比例，[21] 即触觉的几何，组合有机的统一体。第二是投影几何学，更关注于图画或者地图，是图像的几何。建筑——视觉上的几何组合——是以上两种几何形式的结合。[22] 虽然格网在测量中表现为覆盖图，但在建筑意义上，格网则表现为一种形式的衬垫图。作为覆盖图，几何格网严格的规则性允许被测土地存在不规则性。

事实上，当几何格网不能建立秩序时，例如当建筑作用于几何格网之上时，建筑剖面与平面相关联时，建筑施加了功能的限制，或者建筑师的无意识破坏了格网逻辑时，几何格网就具有了建筑意义。当建筑格网为建

16. 80年代，一位地方建筑师在观看我的城市图绘时，告诉我：在洛杉矶，位于1英里格网上的高速公路是惟一即使在高峰时间，也永远能保持交通流动的道路。
17. 除了大陆格网，在独立战争后，其他类型的格网平面形式也大量出现。不同观念的格网相互关联，形成了开放性差异演出中的城市平面。
18. 雷普斯，《美国城市创造》，217页。
19. 然而，这个理想的城市平面是叠加在一个格网平面上的。
20. 杰弗逊在1791年3月30日起草的"宣言"中谈到"在巴黎，住宅禁止超过一个限定的高度。"索尔·巴道维（Saul Padover），《杰弗逊和国家首都》（Thomas Jefferson and the National Capital）(Washington D.C.，1946年)，雷普斯引用于《美国城市创造》。
21. 希思（Thomas L. Heath），《几何原本》（纽约：Dover，1956年）
22. 罗宾·埃文斯（Robin Evans），《投影》（The Projective Cast）(剑桥：麻省理工学院出版社，1995年) xxvi，xxxi，and xxxiii：欧几里得几何学仍然出现在当代建筑中。虽然建筑学试图否认它的影响，但是当我们看到美国城市格网时，它所包含的识别性正是它想要否认的。

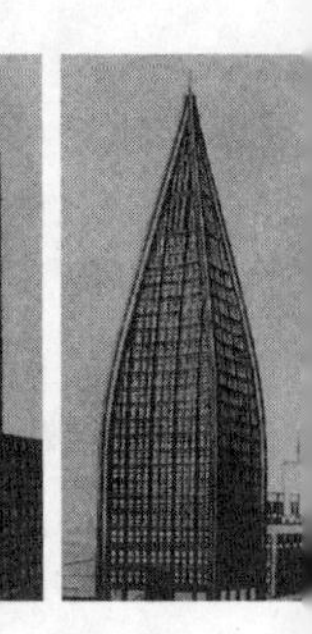

右：芝加哥论坛建筑竞赛人围作品，设计者：Walter Gropius，Max Taut，Ludwig Hilbersheimer and others，1922年
中插：芝加哥论坛大厦

筑和城市之间的根本对立所颠覆时，建筑格网也就成为了城市格网。建筑与城市实践的关系不仅非常复杂而且难以捉摸，在两者之间建立联系的不懈努力最终都未能成功。建筑格网向城市格网的转化是建立这种联系，一个永远失败的过程的第一步。[23]

格网造成美国城市与欧洲城市的不同。这种差异不仅表现为独立建筑与联排式建筑的区别。欧洲城市在城市对立要素的转化和变异中演进，建筑物或肌理是城市的实体，街道和广场是城市的虚体。城市的句法取决于城市平面的挤压，取决于中心与边缘的对立（城墙），和改变城市形式的线形切割（如文艺复兴的直交街道或巴洛克时代的斜交街道）。美国城市则与此相反，它是通过场中客体的秩序的建构而发展。稳定性和建筑的连续性应看作是集聚过程中的一个临时阶段。自20世纪中叶以来，美国城市在视觉上，重新呈现场中客体所构成的城市景观。格网的二维场结构所形成的句法，从起始就预示着一个平面策略。摩天城市以格网城市为出发点，推出竖向发展策略。

23. 格网的线条有利于形成建筑界面，又有利于创造城市的空间。格网一般呈偶数，因而中心是街道而不是街区。实体转变为虚体，墙的某些特征却保留下来：在美国，街道倾向于是分隔的场所，分隔不同的区域；而在欧洲，街道则是城市的空间。

摩天大楼和城市竖向扩张

继刚性的大陆格网和融合欧洲意象的努力失败之后，一种新型城市结构在19世纪末出现，开始了创造美国城市识别性的第二个瞬间。摩天大楼——被看作是美国的发明，成为了类型学演义的场所，标志着与欧洲城市肌理的根本背离和新的城市类型的产生。作为欧洲与美国逆向流动的主要因素，摩天大楼将成为未来舞台上，象征美国城市意象的基本影像。

格网展示了水平维度，而摩天大楼则带来了竖向维度：竖向无限伸展的可能性在其比喻性名字“摩天大楼”中得到表达。[24]格网为平面带来秩序和韵律，而摩天楼为竖向带来自由和机会。它打破了受楼梯限制的建筑高度基准（欧洲电梯发明以前的建筑，以四到七层为特征）。摩天大楼导致高层结构符号系统的变化：高层结构和“纪念碑”（方尖碑和塔）的等同关系被颠覆，为“建筑物”所代替，建筑物和纪念碑的对立关系变得模糊。摩天大楼将 “建筑物”（建造物）和纪念碑（城市的）之间的建筑学冲突移置至竖向维度。

摩天大楼引发的符号问题表现在其类似拼字游戏的结构中。[25]在城市中散布的建筑物就有如古典建筑中的圆柱（圆柱在古典建筑中就像一个个拼字游戏的字母）。摩天大楼也是存在于平面中的格网在建筑竖向开始进行拼字游戏的场所。[26]

格网曾经历的转化和颠覆，也作用于摩天大楼。19世纪50年代至90年代，技术（电梯）、结构（钢结构）和功能创新（写字楼）的发展和相互联系导致了新类型的出现。摩天大楼的结构问题在于如何保持流动的竖向连续性，怎样从平滑发展至有细节。古典建筑立面中的圆柱三重结构提供了解决方案。由于建筑物形式上的躁动挑战类型概念，这种三重结构只能成为类型转化的出发点，类型的多样性开始脱离建筑的限制。[27]在摩天大楼之前，首先到来的高层建筑已经开始了这种类型转化。美国城市更多地的表现为形态和类型的不断转化而不是一种持久的类型特征。实例包括洛杉矶高楼林立的威尔榭大道（Wilshire Boulevard）的类型转化，纽约公园大道的三重“高层宫殿”结构，雷蒙·

24. 参见艾格瑞丝特，“天是尽头”（The Sky's the Limit）。艾格瑞丝特，《建筑从无到有》。
25. 同上。
26. 柯林·罗，“芝加哥结构”(Chicago Frame)，《理想别墅的数学》(Mathemtics of the Ideal Villa)，(剑桥：麻省理工学院出版社，1982年)。
27. 不同于古典转化进程之处在于形成转化过程稳定瞬间的结构异质性来自不同的建筑和非建筑语言。

中插：芝加哥论坛竞赛作品，设计师：路斯，1922年
右：19世纪美国式田园想像
远右：20世纪50年代郊区景象

胡德（Raymond Hood）设计的折衷的三重哥特风格的芝加哥论坛大厦和纽约每日新闻大厦连续竖向母题的建筑立面。

摩天楼迫使建筑面对在建筑物高度上不可能与城市发生关联的事实。当格网作为一种中性场所的特征丧失，当它的秩序丧失，当它遭到颠覆之后，它也就具有了建筑和城市的意义。由于缺乏具体的形象，摩天楼的建筑识别性从未得到确定。摩天楼很容易陷入一种折衷主义，与将几何格网转化至建筑中的难度或不可能性相反，任何元素都可能进入建筑物组合中。摩天楼的现代性与其形象确定的不可能性和坚持在形象表达中使用圆柱体的特点相矛盾。

摩天楼建立了新型的欧洲城市和美国城市的关系，即欧洲城市对美国城市的认同。在19世纪末，美国将哥伦比亚展览馆（庆祝哥伦布发现美洲大陆500周年）建设成为纸板和灰泥构成的“欧洲”城市，以填充历史的缺失。此时欧洲则开始建造钢筋和玻璃的未来城市意象。欧洲希望变得现代（路斯和其他很多欧洲的建筑师来到美国向美国城市学习），欧洲城市希望发展成为美国城市的样子（勒·柯布西耶的“当代城市”展示了对美国城市及其在现代建筑识别性建构中的角色的认同）。[28]与此同时，由于摩天楼三重结构中蕴含的欧洲建筑的特征，创造美国差异性的驱力促使哥特风格的采用。哥特风格是另一种允许类型变化的古典建筑风格，创造持续流动中的不稳定类型。[29]

路斯（Adolf Loos）芝加哥论坛大厦设计竞赛的参赛方案提前宣布了一个巨型城市的灭亡。[30]事实上，路斯的圆柱是代表摩天城市（也是古典城市的最后1章），预示新的城市类型即一个客体城市，郊区城市到来的重要能指。路斯在芝加哥论坛竞赛的入围

28.该如何评判笛卡儿摩天楼试图建立一种驯服的摩天形式的努力呢？蕴含在摩天楼中的敌对性被建筑驯服，竖向的自由因古典城市肌理的挤压而失去，而勒·柯布西耶的天才之处就在于他以挤压战胜了柱形的内涵。又该如何评判勒·柯布西耶的“当代城市”呢？它仍然是古典城市的一部分吗？或者说古典城市是当代城市的一部分，而当代城市展现了古典城市的全景图？

29. 艾格瑞丝特，“天是尽头”；艾格瑞丝特，《建筑从无到有》。

30. 同上。

缝合了新类型带来的裂痕——这里的新类型是摆脱了欧洲城市文明的一种城市客体。它是摩天楼清晰的理论陈述：圆柱是其外形结构，它摆脱原有的城市肌理，又坐落于肌理之上。[31]

虽然美国的格网并不是一种城市肌理，而且它和欧洲的建筑格网（文艺复兴时期几何图画式空间）相去甚远，但它仍然和欧洲城市格网存在某种联系。[32] 格网城市隐含着肌理，而摩天城市由客体构成，试图摆脱平面的束缚，寻求一种场。这种场正是其后的城市形式将带来的。

花园中的城市

初期的两种美国城市变异，在一定程度上保留了欧洲城市的意象，与此同时一种新的句法和语义网络正在形成。格网城市和摩天城市所形成的城市实验场对于学院派建筑的实践是极大的限制，但是对于发展于这个系统边缘的实验型建筑学，又是充分开放的。

第三种类型的美国城市创造了新的实践维度（它不仅涉及句法／语义的城市系统和过程，而且涉及与主体的关系，特别是与其作为观察者的角色关系），[33] 建立了一种新的符号秩序。花园作为古典建筑系统中的能指，是颠覆的场所，禁止的场所，是建筑物的他者。花园在现代主义中的缺席和它（可能的）的绝对存在相关联："当代城市就是建立于花园之上"。在美国，花园是重要的能指，处于由草坪、绿地、国家公园和国家高速公路系统（供小汽车滑行的大陆花园园径）所组成的链条中。

郊区城市的建立隐含着两个阶段：第一阶段是与欧洲城市区分的过程，关注的焦点从城市转向景观。这种转移产生了一种怪诞的栖居花园和源于建筑物和小汽车关系的奇怪的城市类型转化。在第二阶段，模仿的倾向收缩了早期郊区的中产阶层花园，而且随着独户住宅的广泛建造，一种新型的分散肌理形成，美国白人中产阶层主要居住于此。

从一开始，花园就是美国人想像中美好生活的重要组成部分。美国是一片处女地，是伊甸园的城市想像，在殖民时代和独立后都存在。我们称之为想像是因为这个所谓伊甸园在欧洲人来到美国前，就几乎没有什么地理

31. 引申意义之一就是欧洲城市以及建筑想像领域不可能存在普遍性的客体情境。在目标实现之时，建筑也就迷失了。意大利建筑师柏拉尼西（Giovanni Battista Piranesi）的作品马提乌斯广场就是探索这种不可能性的实例。
32. 路易斯·塞达（Luis Cerda）制定的1854年巴塞罗那规划就创造了这种情形：建筑物是格网平面的挤出物。
33. 皮尔斯（Charles Sanders Peirce），《皮尔斯的符号研究》（Peirce on Signs: Writings on Semiotic）；胡帕斯（James Hoopes）编，(教堂山：北卡罗来纳大学出版社，1991年)。
34. 库恩，《美国景观的创造》，6页。这并没有否认土著人占据美洲大陆之前的原始地理情况。

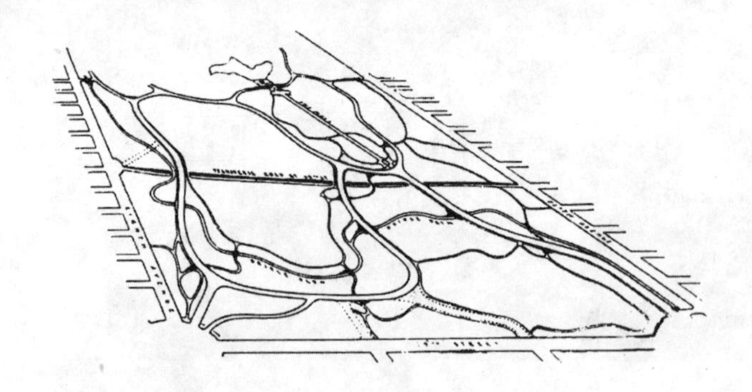

区域没有被人类活动干预过。[34]它就像所有的想像一样，有着掩盖事实真相的作用。事实上，前哥伦布文化已经统治了这片土地15000年。这种掩盖建立了一种符号情形——美国是一个没有历史的地方——所以现在的建设，就是未来的场景。然而，美国的历史无法擦抹，因为历史在很多基本方面改变了美国的环境，它在城市话语（名字）和城市平面（印第安人路径对格网的干扰）中留下了不能拭去的痕迹。最后，它是一种想像：使得地理环境（在不到两百年的时间内）经历了最快速的转化。[35]

始于杰弗逊时代，美国吸引力的最重要意象就是一个放大到洲的规模的、有序的绿色花园。正如杰弗逊在1785年提出的宣言，在一个多世纪里，美国人保持了这个花园的神话。[36]这也许如托克维尔（Alexis de Tocqueville）在1848年所解释的："在较长的时期内，他们打破了与原有土地的联系，但没有建立新的联系。"[37]建筑物被置于"新土壤"之上，而非从土壤中生长出来，因而，保留了它的客体情境。这种行为出现在我们描述的每一种"美国城市"中，格网城市、摩天城市、郊区城市、X-城市。此外，由于它们"躁动的精神"和"对自由的极端热爱"，基于郊区城市分散模式的独立建筑物保证了花园对城市的控制，阻碍形成欧洲式的统一城市肌理。

美国城市话语沿着两个不同的方向发展：第一："大自然提供了可效仿的形式"；第二：19世纪欧洲城市建筑提供了城市设计的模型。[38] 在19世纪和20世纪初期，美国城市在两种城市话语影响的两种实践类型的主导下发展，即求异［内向的、进步的过程，如奥姆斯特德(Frederick Law Olmsted)］和求同（外向的、保守的过程，如丹尼尔·伯哈姆）。进步的美国城市主义起源于欧洲英式花园。奥姆斯特德是最好的代表。他一直致力于发展和构建新的城市理念，来适应新的经济、政治和意识形态的管理需要。然而，同在这里，那些似乎源自对欧洲认同的元素，也蕴含了新的美国战略，模糊和颠覆了建筑对立：伯哈姆的挤压

35. 垂姆波（Stanley W. Trimble），"自然大陆"（Nature's Continent），库恩，《美国景观的创造》，9页。

36. 杰弗逊，《弗吉尼亚州文集》（Notes on the State of Virginia），威廉·佩登编，（教堂山：北卡罗来纳大学出版社，1996年）。

37. 托克维尔（Alexis de Tocqueville）《美国民主》（Democracy in America）（纽约：Vintage，1990年）。

38. 博耶（M. Christine Boyer），《理性城市之梦》（Dreaming the Rational City）（剑桥：麻省理工学院出版社，1983年）。

左：透视图，纽约中央公园南端内部路径和外部交通的分离
中插：丹尼尔·伯哈姆设计的纽约熨斗大楼

物，不仅创造了客体建筑物，颠覆了挤压与肌理的关系，而且假定肌理可以被读作客体的场，形成了作为客体的肌理。

美国和欧洲相互影响的转变以摩天大楼开始，但却以花园最终确立。公园，覆盖“当代城市”基底的城市树木之海，成为了自19世纪50年代以来美国规划中一个最重要的概念。奥姆斯特德的中央公园含有先于勒·柯布西耶“当代城市”的设计理念（如将纯交通功能的道路分离在公园之外）。但是在布鲁克林的“展望公园”中，公园通过道路系统的伸展延伸至城市里。公园不再仅作为城市结构的基本元素，而是成为城市规划的工具。[39]

随着郊区城市的发展，一种新型城市结构浮现出来。对于这种新型结构，形成于15世纪以对立要素模式为依据的建筑分类也许已不再适用。从城市识别性的角度，欲求／认同和欧洲／美国的关系出现了完全的逆转：现在欧洲希望建立美国模式，而美国则希望拥有整个世界。从此，美国开始了担当全球支配者的角色：首先，在郊区城市建设的同时，美国成为冷战后，世界政治两极对立中的一极，而现在，发端于美国的X-城市，在全世界范围内大行其道的同时，美国变成了“全球新秩序”中惟一的超级力量。

非具象城市

第四种城市想像目前正在发展中：当代的X-城市。它是近期全球资本化在城市领域书写新秩序的场所。也许，欲求是不同城市类型接续出现的动力：每当一个欲求对象实现后，新的对象就将出现。当城市格网到达西海岸的时候，新的对象产生了。不同于向西海岸的水平扩展，新的欲求对象移向了竖向维度。然而，当朝向天空的欲求已经实现，对象从紧凑移向分散，从外部移向内部，不仅涉及私有空间，而且涉及许多公共空间。现在，城市变得越来越封闭和全球化的时候，一种新的移置出现了，从物质世界向互联网的虚拟世界的移置。

最终，由城市格网、摩天楼和城市花园所引发的美国城市进程，在永无止境的城市识别性探求中，确认任何城市秩序都具有不稳定的本质。[40] 美国城市具有非终极性和开放性的特征，它决不是确定的和终极的，而是永远呈现转化、相关和差异。

39. 博耶，《理性城市之梦》（剑桥：麻省理工学院出版社，1983年），165页。
40. 我改写了拉克劳和墨菲，《文化霸权和社会主义的战略》，98页。

第3章 城市：建筑的客体

欧洲现代主义城市想像(如勒·柯布西耶眼中的理想城市——矗立在大尺度的城市公园上的玻璃塔楼，格网模式的宽阔道路，人们漫步在高架的人行步道上)反应了建筑和城市之间的不可联系性。想像的客体，既不存在于现实的城市中，也不可能真正地实现。19世纪欧洲城市以全新的策略进行了改建——穿越中世纪肌理的街道界面界定了纪念碑式的林荫大道——而仅仅过了50年；建筑师为什么又构想了一种完全不同的城市？因为现代主义建筑师的欲求不是针对现有城市，从更普遍的意义上说，欲求不是给予的东西：城市想像建构了建筑本身的欲求，赋予其坐标系统，确定主体的位置并描述客体。[1]欲求的建构不仅要描述未来的场景，确定其元素构成——包含着客体的花园，现代主义格网，笛卡儿式的摩天楼——而且要确定其观察者。就勒·柯布西耶而言，想像的核心是反对古典城市。那些持保护思想的建筑师和政客主张将古老的欧洲城市作为现实和模板予以保护；而在勒·柯布西耶这个现代主义者的眼中，这些城市则是深受历史蹂躏，到处是昏暗的老建筑和拥堵的街道。

阿尔伯蒂建构的建筑理论话语，使两种难以阅读的文本发生了关联，城市就成为了建筑欲求的客体。这两种文本之一是书面文字(维特鲁威的《建筑十书》)，之二是建成环境（罗马废墟)。[2]以阿尔伯蒂为代表的这次奠基运动发生在欧洲城市作为政治经济结构复兴的时代。[3]正是在这种背景下，建筑与城市发生了关联，成为城市的他者。这种关联是建立在两种实践共同的客体——建筑物之上。事实上，能指/建筑物瓦解为两个客体——城市建筑物和建筑学意义上的建筑物。作为城市一部分的建筑物[4]不属于建筑范畴——它只是一堆石块的堆砌。美化和修饰可以将石块转变成建筑学意义上的建筑物；这种转变矛盾性地要求建筑师与建筑物、场地、建造过程相分离。

奠基运动建立了一种差异，形成了建筑师和建造者，城市建筑物与建筑意义上的建筑物的分离；这将导致从属关系的分离。从主导的角度，建筑师试图弥合这个裂隙，获得因差异而缺失的东西：建筑物。这

1. 齐泽克，《意识形态的崇高客体》。
2. 可以对原文有多种解释。维特鲁威，《建筑十书》(The Ten Books on Architecture)(重印，纽约：Dover，1960年)。
3. 实际上，这些城市可追溯至12世纪。参见贝纳沃罗的《城市的历史》。
4. 阿尔伯蒂，《论建筑》，156页。

种缺失通过表现那些曾被排除在其识别性之外的物体：木工作品，用手而非思想的建造，予以弥补。建筑话语，作为实践的一部分，将在相互对立的结构中，将一串被排除在外的因素记录为无标记的概念。建筑物、建造者和场地由任意的要素所替代时，这个对立的结构将建筑物分离至对立的场地（建筑师的工作室与建造场地），将技能分离至对立的实践（建筑师与建造者），并将生产方式分离为对立的技术（设计与建造）。

涉及主体和客体的两个建筑想像，规定了不能整合在建筑学符号结构中的要素。第一是艺术想像，建筑学确立了艺术实践者的位置，定义了一个创造性的主体，同时也占有建造者的位置：同时占有两个位置是建筑的双重性。建筑定义为其他艺术之“母”，混淆了其中间者的事实；在城市的情境中，建筑是一种实践，建筑师既不是独立的艺术家，也不是服务于客户的建造者。与主体相类似，这个想像定义了一个客体，它也试图同时占有两个位置：在从无到有的设计中（以建筑师本身思想和能力进行设计）和在建筑物本体中（通过建造而实现）。这个双重客体掩盖了建筑生产中的表现和绘图工具。

第二个主体－客体想像是城市想像：建筑试图驯服凌驾于城市肌体之上的经济政治力量，并确立建筑的秩序。正是建筑的双重性使建筑试图居于自我的边界内，却又作用于外界。建筑－城市想像——在建筑世界中，城市是最大的建筑物——填补了建筑基础缺失，即失去建造的过程和建筑物本身后所形成的虚体。这个想像意味着城市的形体－空间实在缩小为建筑学意义上的建筑物：作为建筑欲求客体的城市是等同于建筑物的城市。[5]当建筑的关注对象转向城市时，城市的形态成为焦点，开启了城市符号化的过程。这个过程掩盖了发生于城市中的活动，将关注的焦点从生活发生的场景转向舞台本身；在这个舞台上，真实的时间退出，空间进入了前台。然而，城市作为一个过程，经济的发动机，[6]一个物质和非物质因素交换的场所，永远反抗时间、差异、意外和将其缩小为建筑物的力量；也就是说，反抗建筑意义上的城市实践所隐含的客体的空间性和整体性。虽然如此，尽管建筑的城市想像永远

5. “根据哲学家的观点，如果一个城市只是一个大房子，那么，从另一方面看，一个房子也就是一个小城市”，阿尔伯蒂，《论建筑》，23页。

6. 费尔南德·布罗代尔的《日常生活的结构——可能的界限，文明和资本主义：15－18世纪》（The Structure of Eueryday Life：The Limits of the possible Civilization and Capitalism：15th—18th Century），第一卷，479页，（伯克利：加利福尼亚大学出版社，1992年）。

7. 由于这两种想像总是相继出现，二者的分离是一个理论性建构。这种分离使我们可以感知他们在长期尺度上的角色变化。400年来，艺术想像占据主导地位，仅在近100年，城市想像成为了主导。这个变化决定于城市增长的加快，城市变异的加速和近一个世纪来美国与欧洲的逆向交流。

也不能触及他们的客体，但却形成了建筑、欧洲城市和美国城市的三角架构。[7]

城市想像的客体

城市永远困惑着建筑师。城市既不能在空间上（如文艺复兴城市在大西洋彼岸的映射），也不能在时间上企及（如19世纪后期，巴洛克城市的实践）。[8]建筑的主要阻力来自城市对整体概念的排斥，而建筑永远依赖于整体概念——城市是建筑物或纪念物网络。城市展现给建筑的是在无限的形态场中差异性的开放式演出。由于这个场排斥闭合，城市成为建筑试图控制演出并建立整体秩序的障碍。另一个阻力来自建筑本身：建筑排斥时间维度而城市过程正是在时间维度上进行。城市过程总是溢出建筑实践的制度框架；在建筑追逐城市的过程中，它能够接近，但永远不能真正到达城市。建筑的速度要么太慢，要么太快，它要么重建了过去，要么提出了不可能的未来，[9]但它永远不能将自己置入城市变动中。欲求从建筑流向城市，从建筑层面流至非建筑层面。但是欲求也从城市（非建筑层面）流回建筑。在这个空间中，想像的建构和符号的建构实现了拼合。

尽管建筑不可能在城市的演出中强加给它一个整体的秩序，尽管实现整体秩序的努力不断失败，但文艺复兴以来，建筑师们已经在欧洲推出了整体设计。在早期的建筑论述中，如菲拉雷特（Antonio Averlino Filarete）的《建筑论文》，这些设计描述了城市的整体结构，不仅包括平面，而且包括建筑意义上的建筑物。这个概念持续至现代主义城市理论的出现。这些建筑想像局部地、片段地得到了实现：在欧洲，不同程度和类型的建筑主导以及建筑与城市的偶尔关联因政治危机（罗马教皇、皇家巴黎等）而出现。虽然美国的非建筑的城市想像，即格网城市、摩天城市和郊区城市总是可以实现，但施加一个超越平面的建筑秩序永远难度巨大。[10]然而，美国的语境矛盾性地提供了一种特殊情况，某种建筑想像得以实现和发挥功能的特例：华盛顿特区——代表联邦的城市。[11]华盛顿特区是美国惟一的通过不断书写整体秩序的方式，形成识别性的城市。这些反映

8. 在一些巴洛克原则的实施过程中（虽然有较大的历史语境差异），19世纪的首都忽视摄影与透视的关系，创造了另一种巴洛克形式，作为文艺复兴图形的意象。尽管如此，巴黎豪斯曼林荫大道的建设使暗室技术下观察者的想像得到永存。
9. 法朗索瓦兹·萧伊（Francoise Choay），L'urbanisme: utopies et realites (Paris: Ed. dm Seuil，1965)。
10. 民主和资本的结合，形成了抵制建筑秩序书写的巨大力量。
11. 或许应该是"几乎"实现。因为当朗方拒绝接收各种各样的政治经济限制时，他被解雇了。参见雷普斯，《美国城市创造》，256页。

哈哈镜中欧洲城市的努力，[12]弥补了现实物质城市中相继出现的虚体——首先是独立战争带来的政治裂隙，其次是在南北战争时达到顶峰的各州的分裂和斗争。华盛顿独特的历史决定于其双重的“他者”身份：华盛顿，这个其他美国城市的“内部的他者”，是“外部他者”——欧洲城市的怪诞的折射。[13]

美国城市对建筑的对抗与建筑内部反对从建筑角度研究美国城市的观念有关。几百年来，自阿尔伯蒂起，建筑师们前往罗马，不仅仅去测绘建筑物本身，而且去使建筑的主体面对废墟的凝视，面对建构这些实践的建成文本的凝视。与罗马相对，美国城市处于建筑的凝视之外；这不仅是因为美国城市被看作是欧洲城市的次等版本，而且因为它的格网平面被认为是不完善的结构。当欧洲建筑师，在19世纪末和20世纪初，作为主体，面对美国城市，也就是现代城市之眼，未来之眼的凝视时，这种排斥的力量消弱了。“邪恶之眼”最终毁灭了建筑：古典建筑遭到了猛烈的反对，一种崭新的建筑原则出现了。

虽然建筑的凝视，在某些情况下，导致了城市的重构（但从未与建筑的欲求相一致），城市的凝视却对建筑产生了创伤性的影响。我们回视这个“从零开始的建筑”，城市质询着建筑，有时引起一些病态的城市想像。教皇西克斯图斯五世的罗马、伯尼尼的圣彼得广场、柏拉尼西（Piranesi）的罗马阅读、勒杜（Ledoux）的理想城市和勒·柯布西耶的“当代城市”，不是普通建筑话语的一部分，而是超乎语境的极端特例。[14] 为什么呢？这是因为城市对于建筑实践的奠基性作用，以及将城市重新引入建筑所产生的创伤性影响；因为压制城市的历史性失败，城市既存在于建筑之外，又通过城市想像展现在建筑内部。

20世纪初，建筑、欧洲城市和美国城市历史性三角关系的变化带来了剧烈的变动，产生了创伤性的影响。随着美国城市的开放，建筑将面对摩天楼所带来的挑战。摩天楼是一种建筑类型，不仅涉及极端的高密度，而且也质疑传统城市肌理、建筑活动的传统舞台和类型概念本身，后者在19世纪逐渐在建筑的理论和实践中占据了显著的地位。美国城市对建筑的挑战激发并最终产生了新的城市变异，这次变异来自欧洲现代

12. 华盛顿也在努力改变当初基于独裁政府所建立的形体空间秩序。

13. 双向的反复出现在每一个层面上。华盛顿的历史始于对其选址的南北方争议和折中的单首都方案。新区域的测绘委托给了Andrew Ellicott。朗方（其父是凡尔赛的一个画匠）首先绘制了基底和城市的规划方案。这一规划叠加了两个不同的策略：“规则分布的正交道路……和对角线大街联系每一个重要场所……形成相互对景，从而，建立了视觉上的联系。”

14. 正如我们看到的，这些想像通过不断重构的城市依序注入。在巴洛克罗马，当整个城市，而不仅仅是教堂成为了宗教的圣地之时；在启蒙运动中，当新型政治经济秩序确立之时；在20世纪初，当工业城市的压力迫使城市重构之时；而现在，全球信息城市带来的又一轮城市重构。

主义想像。

已往的想像是对历史上的罗马和希腊城市的重读——巴洛克城市也是基于这些阅读的一种反应——新的想像则是憧憬的未来场景，即美国城市。然而他们没有看到摩天城市：城市想像就象一个屏风，不仅隐藏了建筑与城市之间的对立，而且将美国置于视线之外或置于视觉的盲点上。

城市想像的主体

城市想像也提供了主体的位置。这个位置与艺术想像的主体并无太大的差异。[15] 这个主体看不到城市是接续的踪迹不断积累、在基底不断叠加的现实；看不到城市不是从零开始，即城市不是由建筑想像在一张白纸上建造的现实；看不到城市拒绝被看作是建筑意义上的建筑物的现实。城市想像的创造性主体包容了生产的场景，在这个场景中，充斥着各种各样的社会和经济因素，也充斥着非建筑的实践，而且未能意识到建构城市想像的另一个可能位置——接收空间。[16]

向接收空间的移置，发生在战后的欧洲和美国，当创伤性城市重构形成断裂的、不连续的、相对稳定的城市认知组织结构之时。美国城市郊区化和欧洲战后重建中形成的城市具有不可阅读性。这种不可阅读性特别与建筑师有关。20世纪50年代后期和60年代早期，新型城市的出现导致新的理论建构，完成了建筑主体的地位，从生产到接收，从书写到阅读的重大转移。[17] 相比于20世纪20年代，现代主义建筑将自身置于传统生产场地，创造新型城市的失败，60年代发生的这次移置，产生了重大的断裂。

城市阅读假定了一个由 "缝织"（quilting）所定义的主体。"缝织"即是固定城市多元能指的意义的过程。[18] 新型城市的不可阅读性提出了"缝织"新旧能指，固定其意义的需要，通过引入一个主要能指，结构意义场所，从而使城市再度可以阅读。这个"缝织"努力，不仅来自建筑师，而且来自社会科学领域中以城市为研究对象的观察者，包括行为学者、社会学者和规划师；例如，凯文·林奇的无方向性主体和可阅读性的问题，[19] 梅尔文·韦伯（Melvin Webber）的非具像郊区和新兴电子技术引发的无场所问题，[20] 德波（Guy Debord）的

15. 现代建筑的客体类型观念开始以集体主体的观点消弱创造性主体。但是，与此同等重要的是建筑形式的独立性观点，即建筑能指的独立，建筑师作为主体决定于形式，而非决定了形式。换言之，生产的场地缩小了，而且被动了。

16. 虽然阅读空间永远是建筑范畴的一部分，但自阿尔伯蒂起，它就永远附属于书写。这种新的情形所产生的不仅仅是位置的逆转，而且，如我们所讨论的，模糊了生产与接收的差异。

17. 参见阿尔多·罗西，《城市建筑》（剑桥：麻省理工学院出版社，1982）和罗伯特·文丘里，《建筑的复杂性与矛盾性》。

18. 我参考了齐泽克的缝织观点，认为通过缝织城市结构和意义，可以形成使城市可以理解和认知的对偶系统结构（例如，街道与广场；纪念物与肌理；联体结构与独立结构；低层与高层建筑物；公共与私有建筑物等等。）参见齐泽克，《意识形态的崇高客体》。

19. 林奇，《城市的意象》。

投机社会的被动观众[21]和米歇尔·德塞都的前建筑（结构主义）城市阅读者。[22]这些 "缝织" 的共同之处在于他们忽视和/或压制城市的建筑视野，以及城市的形式和视觉感受问题，即非建筑的城市向建筑的流动。

凯文·林奇1960年出版的《城市的意象》与我们的讨论尤为相关。他的研究对象似乎与建筑客体重合。林奇研究的是城市更新对中心城市破坏之时的建筑物和空间。那时，这些建筑物和空间还未被建筑所关注，还是清白的，还是"现实"的一部分，即日常生活和社会活动发生的舞台的一部分。[23] 林奇提出了"城市风貌的清晰和可读性"问题，[24] 即城市的各个部分能够轻松地被认知和组织成连贯的模式，提供方向指引。[25] 在城市向心发展发生转变，中心消失，郊区城市取代已往城市类型的时代，林奇的欲求不是了解和享受城市形式，而是希望了解如何认识和利用城市的形式。[26] 林奇的城市是一个沟通的装置，一个试图指明方向和目的地的信息"传递"性人造装置。[27]

林奇的功能主义的观点，建构了作为认知轨迹场所的城市。在这里，城市的不可阅读性和源于城市重构的不透明性，让位于城市的透明性。然而，自相矛盾地，当完全清晰和可读的城市成为信息传递的媒介时，我们不再能看到城市，如同语言在我们使用的时候，也变成不可见的（不同于诗的隐晦语言，语言本身是诗的焦点）。建筑也有兴趣创造可见的城市，因而在城市中引入不透明，并贯穿城市历史，这种姿态在现代建筑中得到放大。然而，这个不透明假定了一个可阅读的，透明的，因而可见的前建筑城市。当这个"自然"/前建筑城市在城市历史中第一次变得不透明，如在20世纪60年代的欧洲和美国，那么，又将会发生什么呢？现代建筑带给古典城市的是令人震惊的新奇性（带来了表达层面上的不透明性），而60年代中期的后现代建筑师创造了"不可思议的平凡性"，因而带来了内容层面上的不透明性。[28] 建筑理论和实践的重要重构来自于建筑生产活动的移置，从设计和书写一个新生城市转向阅读一个"建成"城市，和与此相关联的建筑师的移置，从传统的创造者转变成为改写现存城市的建筑观察者。欧洲的罗西、美国布朗和文丘里创造了这种移置。[29]

罗西的《城市建筑》提出了形式持久性的理论，即

20. 梅尔文·韦伯的《城市场所和非场所城市领域，城市结构的探索》(Urban Place and Nonplace Urban Realm, in Explorations into Urban Structure)(费城，宾夕法尼亚大学出版社，1964年)。
21. 德波，La societe du spectacle (Paris: Editions Buchet-Chastel，1967年)。
22. 德塞都，《日常生活实践》。
23. 凯文·林奇的"定居形式"是对人的活动和相关的人，物品和信息的流动以及对这些活动有重要意义的形体特征的空间安排。林奇，《城市的意象》，48页。
24. 将城市景观比喻为城市风貌，创造了与建筑相结合的感觉。参见林奇，《城市的意象》。
25. "可阅读的城市应该是区域或道路的标志容易识别，而且可以轻松地组合到整体模式中的城市。"这个问题在于导向系统在现代城市的视觉混沌中，主要通过将城市浓缩为描述城市意象的五个基本要素，即道路，边界，地区，节点和标志物进行建构。参见林奇，《城市的意象》。

城市踪迹在历史城市的永恒的差异化过程中留存。[30] 罗西提出了建筑想像中建筑主体的地点移置，从传统生产场所向接收场所的移置，从书写向阅读的移置。从生产的角度，城市和建筑意义上的建筑物，“一个是公共产品，另一个是提供给公共的产品”，[31] 因而在城市中，惟一可以属于建筑师的地点是观者。提供这种地点移置可能性的是建筑类型概念向非建筑意义上的建筑物的扩展，向城市肌理的扩展。凭借这个观点，罗西颠覆了建筑意义上的建筑物和城市建筑物之间根本性的区别，将后者“带入”到建筑中。这一切的发生源于罗西理论中占有显著地位的类推观念。在类推机制的作用下，形态、客体和城市建筑发生了移置，进而颠覆了人类的尺度观念和建筑本身的边界，城市和普通客体成为了建筑的一部分。[32] 罗西对于长期尺度上不断变化的城市的持久性观念源自从城市角度对索绪尔（Ferdinand de Saussure）语言观念的阅读。[33] 持久性观念使他可以转喻性地将建筑放置在书写空间中。

在美国，文丘里和布朗通过阅读郊区城市的蔓延，采用相似的方式，完成了建筑观察者的移置。在这个策略移动中，他们与20世纪50年代和60年代初的先锋文化结盟。尤其是，他们与流行艺术（绘画）结盟，颠覆建筑的边界，擦抹了高（建筑）和低（蔓延）的区别；换言之，他们提出了建筑与非建筑形态的等同和互换性。在《向拉斯韦加斯学习》中，文丘里和布朗关注郊区城市所带来的新型城市风貌，而非持久性的城市要素，从而推进了文丘里在《建筑的复杂性和矛盾性》中的主张。虽然罗西的持久性观念间接涉及对城市失忆症的结构性反抗，而文丘里／布朗的阅读，在词法和句法上，直接提出，建筑对于城市蔓延所形成的新的观察者，即在运动中（从汽车中）阅读城市的非步行传统主体的对抗和新型城市结构的对抗。

罗西，文丘里／布朗带来了建筑的戏剧性重构和建筑欲求对象的移置。在20世纪60年代中期，建筑师的欲求不仅来自整体建筑意义上城市想像的结构和形态。现在的欲求是关联建筑的历时性轴线——封闭的建筑影响空间，是对城市无序形式的挑战，建筑是“高级艺术”——与城市共时性轴线，即城市文化维度，今天挑战并打破了建筑极限的“低级艺术”，包括

26. 社会科学可以帮助人们认识某种轨迹，从而促进城市内的交通流动。

27. 城市意象是结构主义之前的建筑阅读，预先假定了符号所承载的内在意义，定义为能指与所指的一对一的关系。

28. 自从建筑师将非建筑结构引入建筑领域，他们就在表达的层面上形成了对建筑阅读者的不透明。我参照叶尔姆斯列夫Louis Hjelmslev的模型，使用了表达和内容这样的词汇。参见叶尔姆斯列夫（Louis Hielmslev）的《语言理论绪论》（Prolegomena to a Theory of Language）（麦迪逊，威斯康星大学出版社，1961年）。

29. 罗西和布朗/文丘里的作品中体现了德里达所称的标志20世纪60年代的“焦虑语言和符号问题”。德里达提及了法国结构主义和其各个领域的思想。德里达，《书写和差异》（Writting and Difference）中的“力量和意义”（Force and Signification）（芝加哥，芝加哥大学出版社，1980年）。

30. 可以说，城市建筑通过阅读美国城市以非直接的方式成为解决欧洲城市问题的一个根本途径。原著和它在欧洲的译文忽视了这个问题。然而，在英译本中，罗西承认这本书是受到美国城市的影响。

城市建筑物、发展商和大众文化。自阿尔伯蒂，这个想像就出现了。阿尔伯蒂将建筑师描述为不仅需要掌握建筑专业知识，而且需要掌握各种文化实践知识的人；然而，他的建筑与其他文化实践相关联的愿望是无法实现的。由于建筑与其他文化实践的特征和发展的历史过程的不同，这两条轴线最终表现为对抗，因而，两者的关联总是以失败告终，维持城市作为欲求对象的地位。历时性的轴线是历史性回归发生的场所，即使在它们表现为断裂的时候。[34]与后现代者的关联发生在20世纪60年代，罗西和文丘里／布朗制造了历史性回归，它不意味着一定要原原本本的重复，而是建立一个场所，在这里“形式的创造重新展开，社会的意义重新获得，而且文化资本重新投入”。[35]当试图将自身与城市场相关联的时候，建筑创造和发展了新的形式，不仅包括著名的地方建筑形式，而且包括主导形式所对抗或颠覆的边缘形式。[36]

城市文本的建筑学阅读

在20世纪80年代和90年代，美国的X-城市变异为建筑与城市的关联制造了新的困难，但同时，也提供了新的机会。这种机会不仅在于城市和建筑的相互关系；在这里，城市保持不变，而建筑伴随文丘里对郊区城市的赞美，改变了自我，顺应了X-城市。目前的城市形势也为关联提供了机会，形成一种在质疑——和转化——以利益为导向的现存系统的过程中，能够自我转化的城市建筑的政治对抗形式。

这里的策略指向了那个方向。它试图加剧60年代进行的建筑重构，尤其是在城市阅读方面；它不仅转向非建筑意义上的城市建筑物，而且将视线转向平面，开启了研究建筑干预新空间和创造新结构的相对独立过程。这个过程积极地改变了我们阅读城市的方式，阅读首先是为了改变城市。这个过程开放了被资本化的全球城市和现代主义建筑所冻结的“形式的演出”，在形式演出中，形式不仅是城市形体结构可感知的形态，而且是文本的建构（视觉话语）。[37]

文本的隐喻提出了关于城市、建筑及其关联的新问题。[38]如果城市可以由文本代表，那么这个城市是什么呢？又是哪一种文本呢？文本的隐喻提出了城市是(它的

31. 罗西的城市建筑的阅读者与超现实主义关于艺术家是“痛苦目击者”[Andre Breton in Nadja（纽约: Grove Press,1988）]，以及“震惊的观察者”的观念(Giorgio de Chirico in Meditations of a Painter) 有着紧密的联系。参见福斯特（Hal Foster）在《强迫性美》（Compulsive Beauty）书中超现实主义阅读（剑桥：麻省理工学院出版社，1993年）。
32. 它也取消了尺度的观念和许多比例的规则。
33. 形式和功能的关系在城市的长期维度上明显表现为无目的性，不同于建筑的短期性展现的目的性。
34. 我们需要记住历史性的回归来自建筑实践本身的一部分。
35. 福斯特，《强迫性美》。
36. 建筑形式为城市力所颠覆的柏拉尼西的马提乌斯广场和曼哈顿的福利广场，或20世纪20年代末勒·柯布西耶为拉美城市提出的线形城市，或洛杉矶的威尔榭大道的关联是这个策略的实例。
37. 盖德桑纳斯，《城市文本》。

人民的）记忆的问题，换言之，城市是持久的踪迹和可能的擦抹的记录。城市不仅是另一种形式的书写（书写自我，作为记忆的补充），也不仅是对其他文化文本的补充，更特定而言，它是一种书写机械，近似于神秘的书写本，[39]即弗洛伊德构建的书写与无意识的地形学模型。移置地形学模型至城市文本，可以解释城市的持久性与擦抹性同时存在但又相互矛盾的特征。这次移置的理由在于，在一个层面上，我们在城市中，用具有无限变形力的水准仪，研究永恒变化的建筑物和空间。在另一个层面上，我们也研究城市平面，它可以看作是铭刻着踪迹的基底，虽然其他一切都可以变化，但踪迹无限期地保留。[40]但是还有第三个层面，一个社会和文化力量的层面，协调其他二者的实践和制度的层面；这个层面使单体建筑物在基底出现成为可能，使时间到空间的转化，历史到地理的转化成为可能。城市，作为建筑欲求的对象，同时包容着这两个矛盾的层面和他们可能的调和。[41] 建筑不能存在于记忆的城市中（应是一个死亡的城市，博物馆，一个活人舞台造型，在这里，没有关联的可能），也不能存在于不断变化，一切都不能存留的城市中。事实上，这些极端特征表明了不同城市书写表面的极限：虽然欧洲城市在建筑物层面上，不易擦抹，但是它在城市平面上经历了巨大变动，虽然后者通常被认为是最拒绝变化的。美国城市的建筑物在长期的尺度上，已经被多次删除，但是它的城市平面拒绝变化。建筑应该在两个层面相调和的空间中找到它与城市关联的场地；在这个场地中建筑可以创造变化，能够在城市领域中，铭刻持久的踪迹。

虽然，城市包含多层的刻痕，建筑以自我的阅读机制为城市增添了意义。城市的书写机制提供了一个文本，在这里，许多的建筑阅读策略“发现”或更确切说，建造了他们的对象。抄写和擦抹界定了改写的范围，即开始于文本的复制（历史保护），结束于删除（白板）。这两个极端是阅读机制的多种策略和战术的边界。[42]建筑阅读与城市书写的奇异的碰面，形成了关联空间；在这个空间中，城市反对建筑对其转化，而建筑坚持改变城市。本书恰恰代表了建筑这种坚持的又一次反复。[43]

建筑阅读机制是历史形成的，不断遭到不同光学机制的重构。阿尔伯蒂首先将其描述为“站在建筑物面前”

38. 除了提出这些问题以外，文本的隐喻，像所有的隐喻一样，通过确定方位，固定研究结果，而结束话语。在这个例子中，文本的隐喻对于城市与建筑关联的探寻有着策略性作用，它引导了对阅读的质疑和我们阅读城市的战术模式（城市图绘）的建立。

39. 德里达，“弗洛伊德与书写场景”，《书写与差异》，199页。

40. 纪念物以建筑物形式表现城市平面的永恒性，传统上，倾向于成为建筑与城市书写关联的场地。

41. 城市，作为建筑的对象，永远是对已往城市的改写。

42. 多样性呼应于城市书写机制的永恒和变化维度。

的，是想像的加减和转换计算，在那个历史时点上，并不区分建筑物实在与再现的差异。[44] 帕拉第奥（Andrea Palladio）在《建筑四书》中，提出了阅读机制的另一个概念。[45] 随着帕拉第奥设计作品的出版（而非建筑物的再现）。帕拉第奥展示了暗室所代表的光学机制，即将建筑物和其投影分离。[46] 同样的效果，也出现在柏拉尼西为马提乌斯广场制作的想像图绘中，不仅图绘和建筑物存在差异，而且图绘的独立性得到强调。对于20世纪的现代主义者，尤其是柯布西耶，感知和对象的识别已经结束，感知本身成为阅读的对象。依据勒·柯布西耶的观点，建筑师应该仅关心视觉可触及的因素。阅读的机制构造了它的对象，一个对偶体系结构，利用前景与背景，阴影与光照，垂直与水平等的感知组织序列运动。[47]

在本书城市图绘中，阅读机制的对象是什么呢？是欲求的问题，即建筑与城市关联过程中的"城市无意识"问题。阅读的过程脱离了在当代阅读中普遍存在并具有决定性作用的现代主义感知模型，出现在两个层面上。第一个层面，通过对城市平面的差异分析而进入，城市平面被看作是建筑装置的一个组成部分。[48] 城市平面的观点使温和推进的现代主义者变得激进，他们不同意某些现代主义者将城市看作战场，即"传统思想"和"未来思想"(intention motrice)交锋场所的建筑平面观点。平面可以通过多种阅读策略接近，从现代主义"平面是发生器"的建筑决定性，到美国城市（城市平面游戏或反对建筑对其竖向改写）中的纯粹的不可预见性。

在第一层面的两维阅读中，平面——城市的两维的剖面，是实体和虚体，去除了垂直维度的熟悉意象和他们在时间上感知的顺序——为阅读机制所框定，提供进入城市文本的入口，切割、断折X-城市无限感知表面。框架是如何建立的呢？通过被吸引至"书写密集"地区，即持久与变化作用力最强的城市场，在这里，两个和更多的改写层留下了不能拭除的踪迹。在这个框架中，这些分析图以图形的方式强调了偏离中性格网（neutral grid）的平面要素。例如，他们以片断（纽约）和细分平面（波士顿）与肌理（纽黑文），描绘共存方式或多重格网和非格网的结构（得梅因）。他们研究格网中的不连

43. 对抗通常不能产生关联。例如，18世纪，虽然城市图绘在建筑实践中，在其语言的颠覆和呼应19世纪资本主义新型城市的实践重构中，有着内在的重要作用，但对城市却没有立即产生显著影响。在对称的方式上，虽然19世纪的图绘有着重要的作用，但却处于欧洲首都城市重建的建筑实践之外；相比于当代建筑作品不仅来自建筑师，而且来自研究新技术和新功能的工程师，他们代表了建筑的保守方面。

44. "……当我们面对其他人的建筑物时，我们立刻仔细研究和比较个体建筑物，考虑什么可以去除，增加和调整……"。阿尔伯蒂，建筑物的艺术，《论建筑》(剑桥：麻省理工学院出版社，1988年重印)。

45. 帕拉第奥，《建筑四书》(纽约：Dover，1965年重印)。

46. 然而，有关评论显示机制的关注点是演员及其行动，而不是建筑舞台的结构。

续性（大西洋城）。他们重新引入和细分组成方向上的格网（芝加哥）。建筑物的垂直维度，如果在实例中具有显著作用，[49]则用作分析补充，如威尔榭大道（洛杉矶）对类型转换的再现。

阅读的第二个层面为浮动的注意力（floating attention）所引导。在这里，与第一层面相反，阅读在浮动，没有理解地前进，逆向决定了框架的存在。[50]这个框定的平面作为事件场，激发了“部分欲求”——喜欢，而非表征所激发的“完全欲求”——爱。[51]表征似乎是对平面的干扰（破坏秩序的异常事物）和话语的干扰（他们不能贴上建筑话语的标签，他们需要重新命名）。虽然，第一层面的建构假定了一个对场的有意识的投入，表征则撞击着场，使其升起，进入我们的无意识。城市图绘产生于对表征的阅读，建筑师看到了城市文本的“失误”；[52]这些失误破坏了第一层的表面，提升了建筑的边界，阻止对其他的阅读。[53]将城市平面看作既定的，作为城市图绘的出发点，这就与被罗莎琳德·克劳斯称作“复绘（over-paintings）”的恩斯特(Max Ernst)实验建立了联系。尤其在恩斯特的主卧室实验中，“神秘的书写本，在下面的教学辅助页（给定的）中，找到了类似物……，而表面页则呈现为树胶水彩画透视图。”[54]位于城市图绘之下的是城

47. 庞培Casa del Noce房屋的描述体现了现代主义的思想。勒·柯布西耶写道：“小门廊使你的精神远离街道。当你位于中庭时，中间有四根柱子…但在远端是灿烂的花园，可以通过柱廊看过去……在这两者之间是家史记事室，像相机一样缩小视景。左右各有一片阴影，……你已经进入了罗马人的住房中。”勒·柯布西耶,《走向新建筑》Towalds a New Architecture）(纽约：Dover，1986年，法文第13版1931年英译本的再版），169－170页。文章通过一系列对立关系进行组织：小与大；私与公；水平与垂直；光亮与阴影；前面与背面；内部与外部，等等。

48. 平面质询我们，就如“平凡”的东西通过吸引艺术家的注意力而得到选择一样。

49. 图绘不是永远提供实体和虚体的现实主义再现。事实上，通常将实体再现为虚体，虚体再现为实体。

市平面和代替复绘的一个删除过程，——手工或电子删除，如芝加哥和得梅因计算机图绘——生成了可以在不同的组合中叠加的层，以形成图绘序列。图绘书写了两种话语的对话，既定的平面构成背景，在这个背景上，建筑的书写被铭刻下来。浮动的注意力在描述和改写（或书写服从于阅读，或阅读服从于书写）中波动，模糊了二者的差异。它是建筑和城市的分析者和被分析者角色互换的过程，换言之，一种实践详细研究对方论述的过程，即建筑研究城市话语和城市研究建筑话语的过程。

改写城市

改写城市并不是建筑书写城市的欲求——它是惟一的脱离欲求的方式。[55] 它是摆脱由建筑和城市的历史关系所界定的封闭状态的方式。这个封闭的状态今天表现为先锋主义和传统主义，无政治兴趣的建筑拜物主义与墨守陈规的悲观城市主义之间的对立。[56] "它是关于自由"（发现城市和建筑关联的新的可能性）"和关于责任" [57]（如果我们要解决贯穿建筑想像的历史压力，则需要详细研究城市），而不是关于欲求的情感性。[58]

将阅读作为建筑改写的起点——阅读城市不是为了准确的表现，而是为了建设新的城市——提出新的关于书写场景，关于其历史位置和新场地建设需要的问题。美国第一个建筑意义的城市场地是奠基性平面，一个不断扩展的城市结构之源，是模仿欧洲建立的殖民地城市的建筑平面。第二个场地是20世纪初的城市平面，旨在重构和/或调整城市的增长。城市美化运动将这第二个瞬间推向顶峰；从芝加哥的伯哈姆规划（1908年）到纽约区域规划（1929年），建筑是这个瞬间的主体，建筑的努力部分地重构了城市。第三个瞬间代表了场地持续收缩的开始。20世纪50年代，规划师对将城市看作建筑客体的反对和他们对过程的强调根本性地改变了演出的舞台和演员。就"过程"而言，活动被看作是城市的主导力量，否定了结构的相对独立性和建筑与城市关联的可能性，结束了建筑的演出，引入了经济－政治规划。建筑师放弃了以往积极的城市干预，处于了观众的席位（作为审批或评论的检察官），导

50. 当我们阅读第二层面时，我们只能认识到定义这个框架的逻辑。
51. 罗兰·巴特，《明室》（Camera Lucida: Reflections on Photography）（纽约:Noonday出版社，1982年），27页。
52. "如何阅读：对于疆界地区，密切关注连续中的断裂点。警惕形态变化的瞬间……关注分歧、对比、断裂、疆界。"布罗代尔，《法国识别性》（The Identity of France），51页。这些事件是城市残留力量的表现，不能通过几何格网消除。
53. 这些失败在哪里发生呢？在遇到不能被格网消除的从前的书写力量（历史和地理）之时，发生于格网碰撞的边缘和格网内部。
54. 克劳斯，《光学潜意识》（The optical Unconscious），57页。
55. 它也许"只是目的性的逃离，不能确定它在欲求的影响之外"德里达，"力量与意义"，《书写与差异》。
56. 我指的是那些以文化和形式空白为出发点的工程，以及"海滨城"所代表的"新城市主义"和类似的项目包括迪斯尼乐园。

致他们缺乏有冲击力的工程。

在X-城市中，建设新的建筑场地是发展的需要。总体规划现在统摄了城市的空间，是调控决定城镇结构的功能和形体长期过程的法律手段。[59] 总体规划的作用不仅是调控那些过程，而且填补虚体，掩饰建筑的缺席。通过控制（回答了社会、经济、政治问题）决定城市形态。它处于建筑的位置，使虚体可见，模糊了建筑形式缺席的事实。

从有关城市结构确定的最初一刻起，总体规划的置入就开启了建筑在X-城市中发挥积极作用的空间。例如，得梅因的远景规划代表了在这个空间中，建设建筑场地的可能策略。[60] 这个远景规划规定了阅读和改写的过程，摒弃了传统城市主义的话语和实践，建筑学的建筑物客体尺度，形式和符号策略，统一的原则，连续性和均质性；开始了新的想像的建构，城市形式的文化和美学含义与当代全球城市的重构过程发生了关联。[61]

每一个场地——格网基础平面，城市美化运动，规划师的过程观念和客体的城市——提供了新的机会，拓宽了与建筑关联的可能性，在多个，甚至相互矛盾的方向上，扩展了城市的演出。在阅读中建设的场地，以过去为源泉，探索建设差异性未来的方式。[62] 城市阅读不仅意味着修缮和保护，而且意味着“改写过去的不和谐之音”。[63]

57. 德里达，“力量与意义”，《书写与差异》。
58. 改写城市的决策不同于城市改写，在于这是政治经济机制在城市过程中的作用，每一个城市形态都对已往城市进行改写。
59. 盖德桑纳斯的《总体规划——政治场地》（剑桥，麻省理工学院出版社，1996年）。
60. 参见“得梅因远景规划”，艾格瑞丝特和盖德桑纳斯作品集。
61. 为什么城市向建筑展开？在文化层面上，因为不断增长的对地方城市识别性的探寻（与全球化城市的平衡）；在经济层面上，因为城市的视觉结构成为城市竞争，吸引旅游者的重要资产；在政治层面上，因为认同的可能性影响地方自豪感。图绘、识别性建构与旅游的关系强烈要求重构总体规划观念，为城市改写提供形式背景的远景规划应包括在总体规划内。
62. 理查德·罗蒂（Richard Rorty），《到达我们的国家》（Achieving Our Country），（剑桥，哈佛大学出版社，1998年）。
63. 同上。

2

第二部分

第4章 图绘美国城市

在论文“建筑投影”中，罗宾·埃文斯将投影描述为“有组织的一束虚拟直线，穿透图绘，将物体的各个部分对应表现在图绘中”。“投影”，埃文斯解释“由于使用了制作图片的仪器，已经完全具有了方向性；但是，投影本身不提供方向性”。投影可以以两种方式工作：“建筑提供了相反倾向的例证，从平面再现获得信息，来创造具象的客体。”[1]然而，建筑不仅是对现实实在的主动模拟——当它处于阅读模式，而非传统书写模式时，它也制作肖像。几百年来人们一直认为，建筑师应前往罗马，从古典建筑物中获得信息，即“阅读”古典建筑物；然而，他不应从现状城市获得信息，因为现状城市是偶然因素的结果，不同于秩序具象化的建筑物。表现理想城市和城市空间的项目图绘填充了城市受到抑制而产生的虚体。这样的一些项目通过以暴力破坏现存肌理的方式，一种在19世纪加速发展的实践，侵入城市现实中。

这种再现关系直到19世纪末，欧洲与美国影响的方向逆转后，才在美国建立。正如我们已经看到的，位于冷漠，无意义的格网中的，务实因素决定下的“年轻”的美国城市，曾被认为逊于欧洲城市。在20世纪初，当城市图绘在美国出现的时候，他们导致了“临时城市”或建成环境的想像，如1892年芝加哥的哥伦比亚展览，或未建成环境的想像，如1908年芝加哥伯哈姆规划。

美国城市在建筑话语中的缺席所产生的虚体为中性和无建筑学意义的格网所填充（从主导性方面），不同于美国城市立面特征可感知到的偶然性（如纽约的天际线）。虽然，20世纪，对美国城市的对抗逐渐消失，但美国城市是非建筑学产物的观点却因明确的批判者和支持者，因西特对现代格网平面的批判，因勒·柯布西耶使摩天大楼的无序和其通廊街道带来的灾难，[2]因其对一种不存在的中性格网平面的赞美而存留下来，并得到强化。

无序存在于格网平面中，直接展现在下曼哈顿格

1. 罗宾·埃文斯，《建筑及其意象：四个世纪的建筑再现》（蒙特利尔：加拿大建筑中心，1989年）。
2. 勒·柯布西耶，“When the Cathedrals Were White”（纽约：McGraw - Hill，1964年）。

网的构造物碎裂中，展现在洛杉矶大陆格网背景上的格网拼图中，而且存在于芝加哥平面的几乎不能感知的躁动中。无序打开了建筑想像建构的可能性，即将建筑变化铭刻为城市持久踪迹的可能性。然而，铭刻发生的条件，即建筑与城市关联并带来愉悦的条件，既不存在于格网的极端有序中，也不存在于失去格网的完全无序中，而是存在于有序与无序的边界交汇处。这些场地，建筑与城市关联发生的场所，通常出现于颠覆几何格网持久踪迹的失效空间，而不是出现于铭刻混沌和暴力的无约束空间。[3]

通过中性格网问题的反复引入，城市图绘研究了关联的想像，向建筑展开了失效的格网，丰富的新结构，意料之外的句法建构和符号表达。每一个城市都需要一个针对建筑的策略。每一个城市都建构了自己的问题，和自己的接收模式。城市图绘利用多样的表现技术对接收模式做了描绘。在纽约，图绘通过格网碰撞拼嵌物的碎片和其内在逻辑，研究了曼哈顿南区独立战争前的格网。在洛杉矶，运用了相似的策略，也采用分层的方法描绘1英里格网与地方格网及非格网街道交迭和碰撞的行为。在波士顿，图绘对比了两种不同平面结构，即欧式肌理与叠加式美国格网。在纽黑文，图绘更多依据建筑物脚印描绘城市平面，展示原初的九平方格网对周边地区的冲击，以及相对照的形式逻辑。在芝加哥，图绘探寻了1英里格网，在成为城市组织结构时的行为，特别是微小扰动的局部影响。得梅因图绘研究重要片断之间的关系，如公共空间、纪念建筑或不规则地形以及基础格网与1英里格网之间的转化空间。最后，大西洋城图绘探索了娱乐性X-城市、赌城，在白人涌向邻里社区以后，对恶化的城市肌理的影响，尽端与肌理碎片的关系，和海边赌场带的停车场与高速公路的关系。

3. “文化及其毁灭并不是色欲，而他们的失败才是色欲”。罗兰·巴特，The Pleasure of the Text (纽约：Noonday Press，1980年)。

城市图绘

1984—1994年期间，纽约、洛杉矶、波士顿、芝加哥、得梅因和大西洋城的城市平面的研究揭示了美国城市形态被忽略的普遍性。教学工作给我提供了制作城市图绘的重要空间。1983年春，我在伊利诺伊大学建筑学院的工作室，安排学生重绘芝加哥城市平面作为建筑作业。这个工作室的形成受到20世纪70年代，黛安娜·艾格瑞丝特在纽约建筑与城市研究院的"阅读中设计"工作室的启发。[4]这个工作室旨在逐步显示存在于曼哈顿建筑物序列或城市碎片中的形式对象。学生们描绘了从未被如此对待的建筑物的序列和城市肌理碎片。这个过程基于只描述对象的有关要素的图绘，而删除了与建筑构思不相关的特征。

在芝加哥，我的工作室研究了城市平面，而非建筑物。基于平面独立性的假定，我们"去除"感知层面，聚焦于那些打断芝加哥格网街道连续空间流动的表征、瓦解和不连续性的建筑问题。"视觉游移"允许我们在无目的地，也不知道所看为何的状态下接近平面，确保我们所发现的不是我们已经知道的。[5]图绘描述了各种尽端产生的情形，如服务性道路方向性的变化，或者格网街道微弱的不连续性。

纽约图绘是基于芝加哥1983年工作室的经验，同年秋季在建筑与城市研究学院本科生工作室的基础上完成。[6]图绘关注于1811年格网以南组织曼哈顿南区的格网部分。不同格网的碎裂允许我们理解城市平面在连续历史发展中，不同格网相互碰撞所产生的交迭、变形和删除。图形和基底相互对偶的客观性，为线形连续性的再现、格网碎片的拼合和其在二维和三维空间的相似再现所逆转。肌理和客体建筑物的相反关系因发现了充当客体的肌理而变得模糊。

纽约图绘完成以后，我决定探寻另一个美国大城市——洛杉矶，西海岸的大都市。这个研究是在洛杉矶南加利福尼亚州立大学研究课的基础上形成，研究了1英里格网，作为连接洛杉矶所有城镇的"粘结剂"所发挥的主要作用和美国城市特有的类型学行为——在美国城市中，建筑物类型是结构转化的想像起源，不同于欧

4. 艾格瑞丝特，"设计与无设计"(Design vs. Non-designed)。艾格瑞丝特，《建筑从无到有》。

5. 参见第3章关于阅读机械的讨论。

6. 这个工作室由我与大卫·莫奈合作管理。工作室教员包括德比·盖斯，保罗·盖茨，麦克·斯代顿，派特·撒比勒和我本人。我担任课程主任。麦克·斯代顿与南西·克林顿和阿兰·奥根斯基在1984年夏天重绘了工作室形成的原始材料。

洲城市冷冻式的建筑物类型。[7]

其后的三套图绘是对波士顿、纽黑文和芝加哥的研究。虽然波士顿开始于不规则的放射同心圆平面，但在19世纪发展成为格网平面。纽黑文的规则基础平面，9方格格网，逐步发展成为不规则的放射同心圆平面。[8] 芝加哥的第二次工作室提供了考察完全单格网平面的机会。因而，我们改变了工作方法：不是在不规则平面中寻找规则性，而是寻找隐藏在格网中的不规则性。芝加哥工作也是这样一个标志性时点：1989年，我在芝加哥建筑和城市主义学院，在约翰·怀特曼的指导下，开始使用计算机工作。[9] 计算机的使用引发了新的理论问题，促进了“影片”序列的形成，在这里，某些特征被删除、添加和修改。

与前几个城市的研究不同，得梅因的分析图绘形成于不同的背景中。他们是图绘与美国城市改写实践关联性研究计划的一部分，这个计划形成了得梅因的远景规划。作为这个计划的一部分，城市图绘不仅在与社区沟通中发挥重要的作用，而且也是一些设计依托的支架。最后，大西洋城的图绘研究了一个X-城市的例证，一个被娱乐产业转化为赌博旅游中心的城市。图绘试图表现这种转化对城市形式的创伤性潜在影响。

7. 洛杉矶图绘在1985年由克丽思·开普勒重新绘制。开普勒是曾参与这些图绘的工作室的学生之一。
8. 波士顿图绘是在哈佛大学的两次研究课的基础上形成的。纽黑文图绘是在耶鲁大学建筑学院的设计课中，与研究助理凯文·卡农合作完成。
9. 这些图绘在朱丽叶·韦勒的协助下形成。发表于在盖德桑纳斯的《城市文本》(剑桥：麻省理工学院出版社，1992年)。

城市

纽约

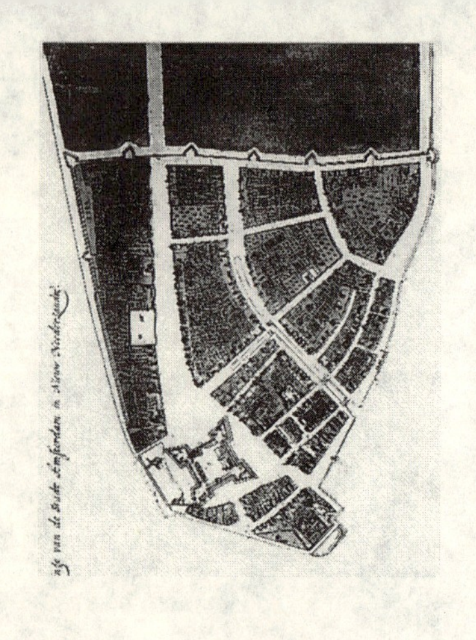

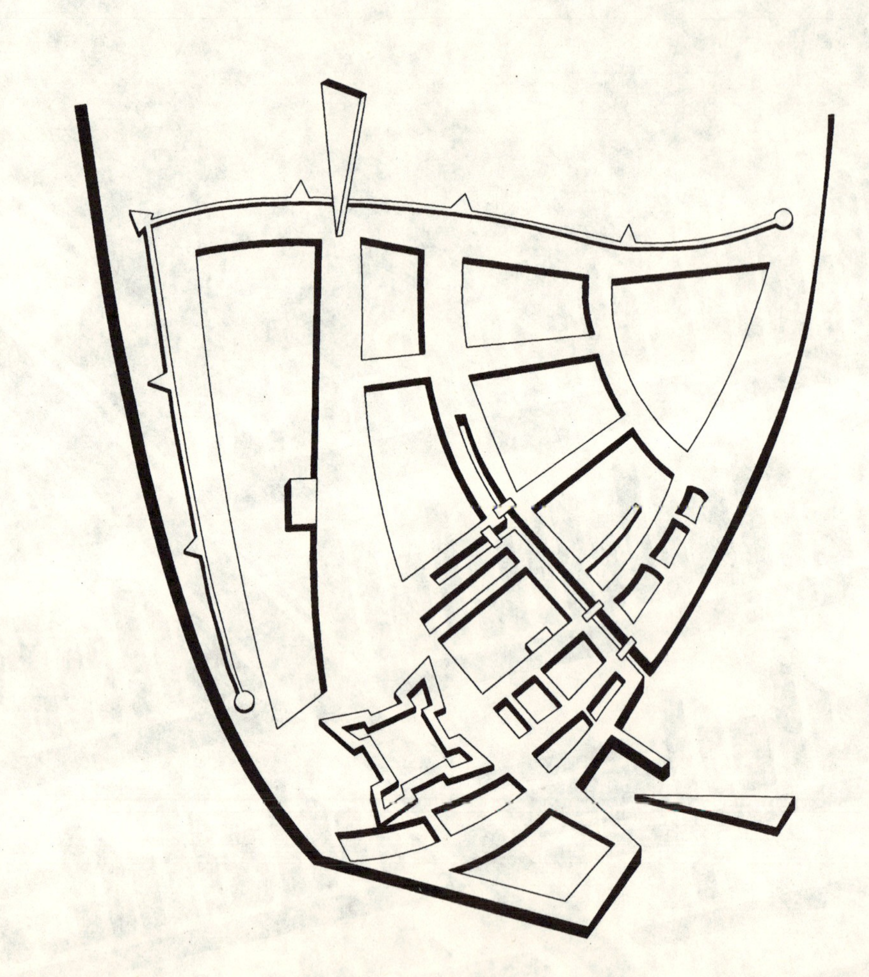

图绘研究了纽约1811年格网出现之前纽约城的六幅再现，显示了1811年格网以南的下曼哈顿地区结构的形成。

1811年格网以南的同心放射城市

平面1：

一条南北向街道组织这个平面。街道将平面分隔为两种不同的形态结构：一个为中心位于东北部的放射形街区，另一个为街区线形成的正交结构与西面的开放广场所形成的带状街区。街道东侧开敞，逐渐过渡为由堡垒控制的场。

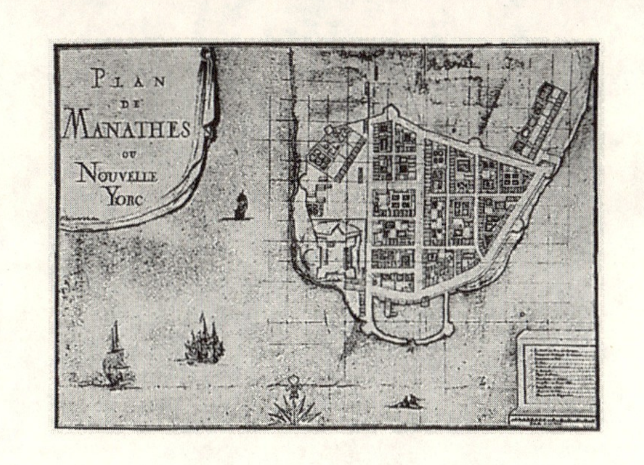

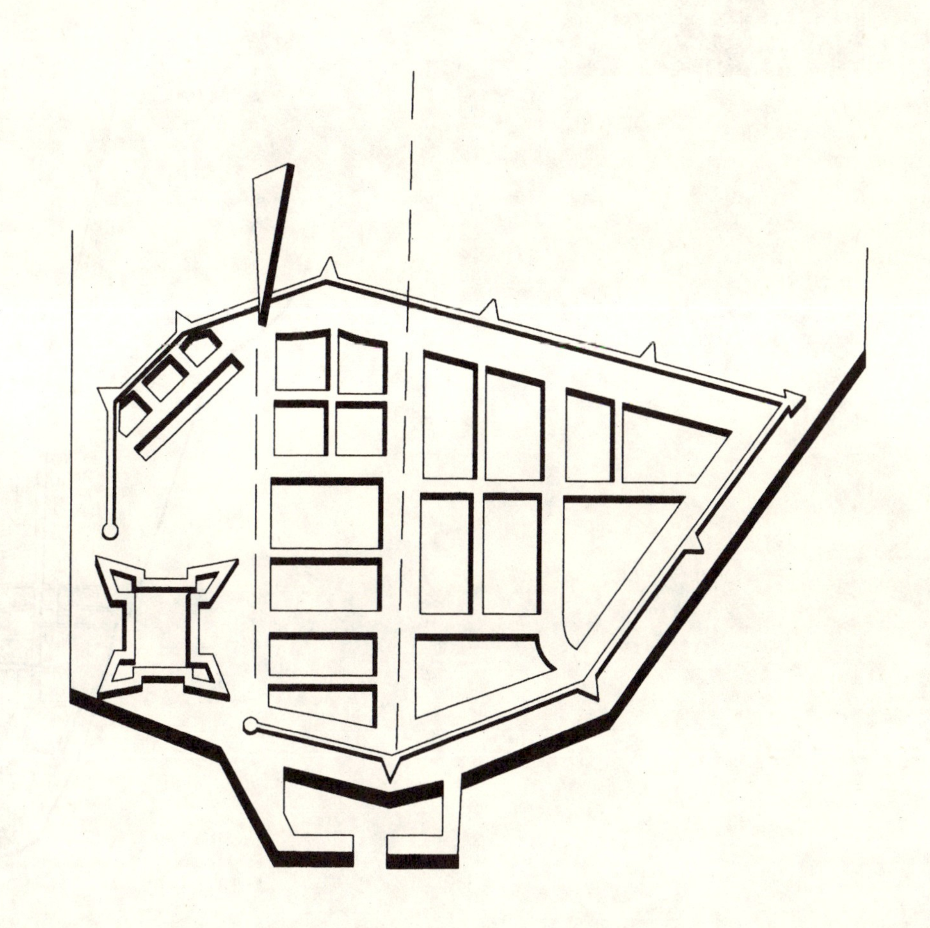

平面 2：

图绘展示了对新阿姆斯特丹的另一种虚构的阅读。在这个实例中，平面还是两种结构，证实第一张图显示的二分结构。放射形区域现在成为了格网。西部地区现在是客体的场：堡垒、偏斜的城市街区和建筑物。

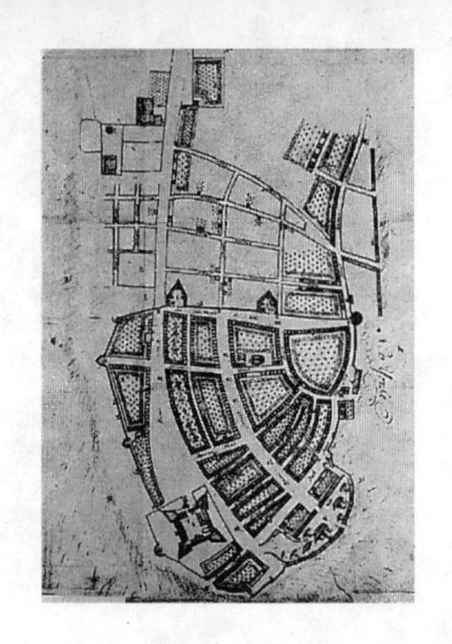

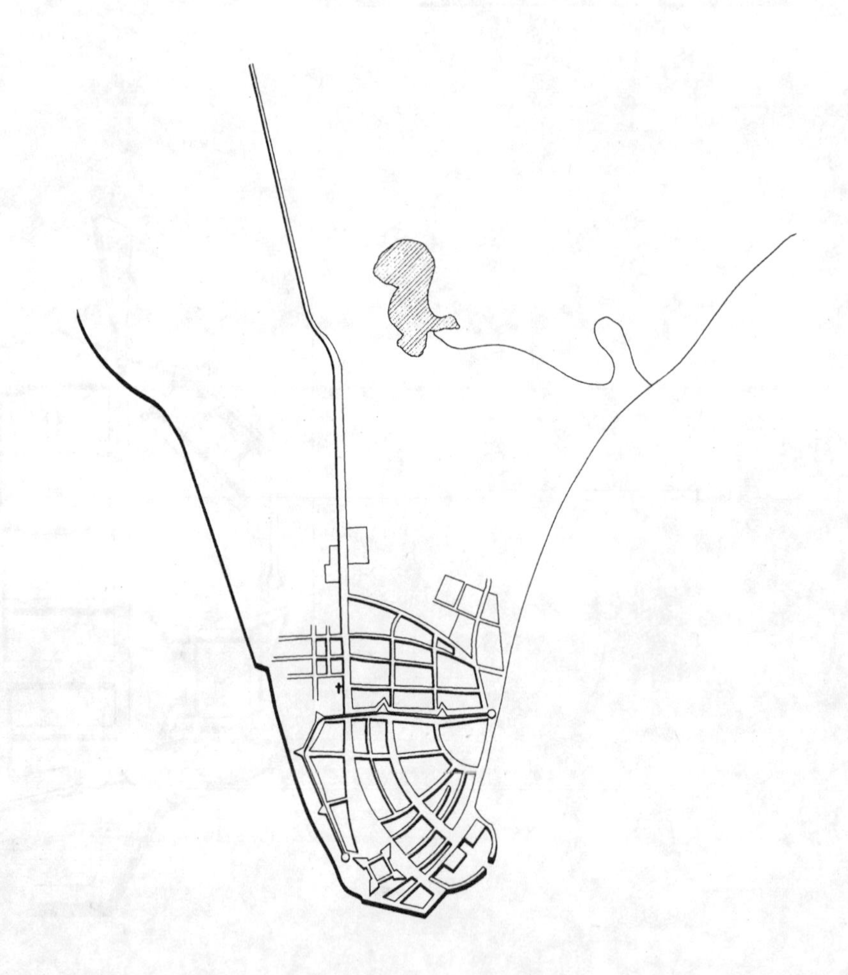

平面3：

图绘显示了越过城墙的第一次潜在扩张，预示了一个双层同心圆系统。这是一个模糊的阶段，任何一种放射系统的主导作用都不清晰。墙内的西部地区被吸收至放射系统中。然而，墙外，百老汇大道（Broadway）以西地区又产生了一个正交系统。

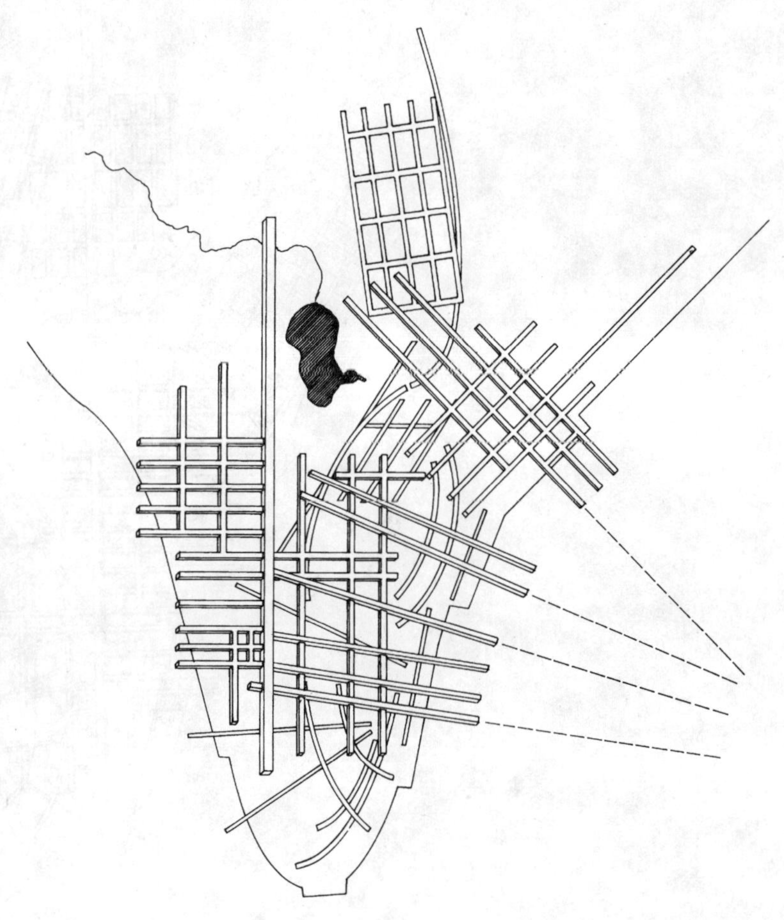

平面 4：

凹形的东南岸线界定了新的放射系统，暗示了一个外部中心。水池分离了东部和西部的发展。百老汇大道以西的格网进一步确立，并呈现向东伸展的态势。

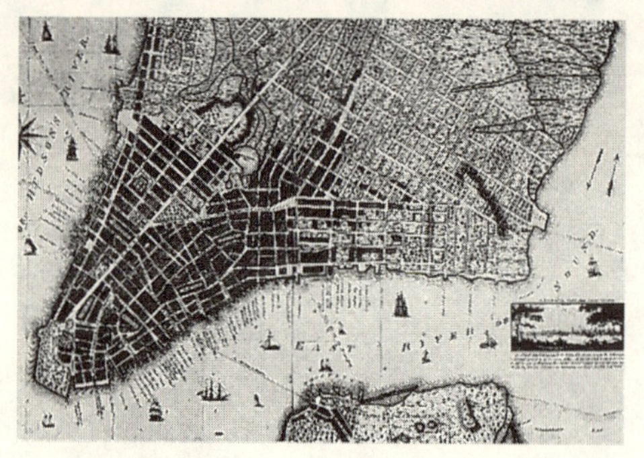

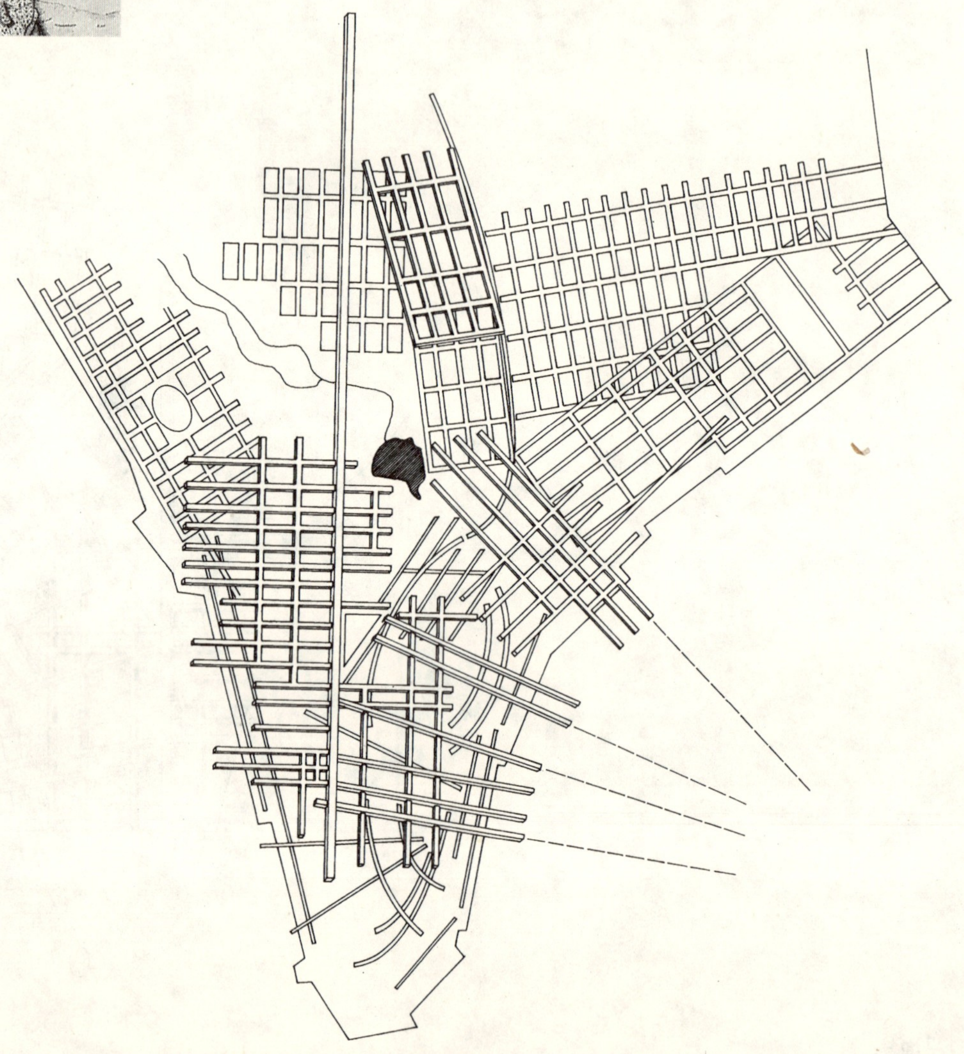

平面 5：

沿海岸线，在哈得孙河 (Hudson River) 和东河(East River)形成了新的格网。斜向格网延伸至拉菲雅街(Lafayette Street)以西。百老汇大道变成了南北向格网发展的轴线，虽然，东西方向性并不强烈，还是预示了1811年格网的发展方向。

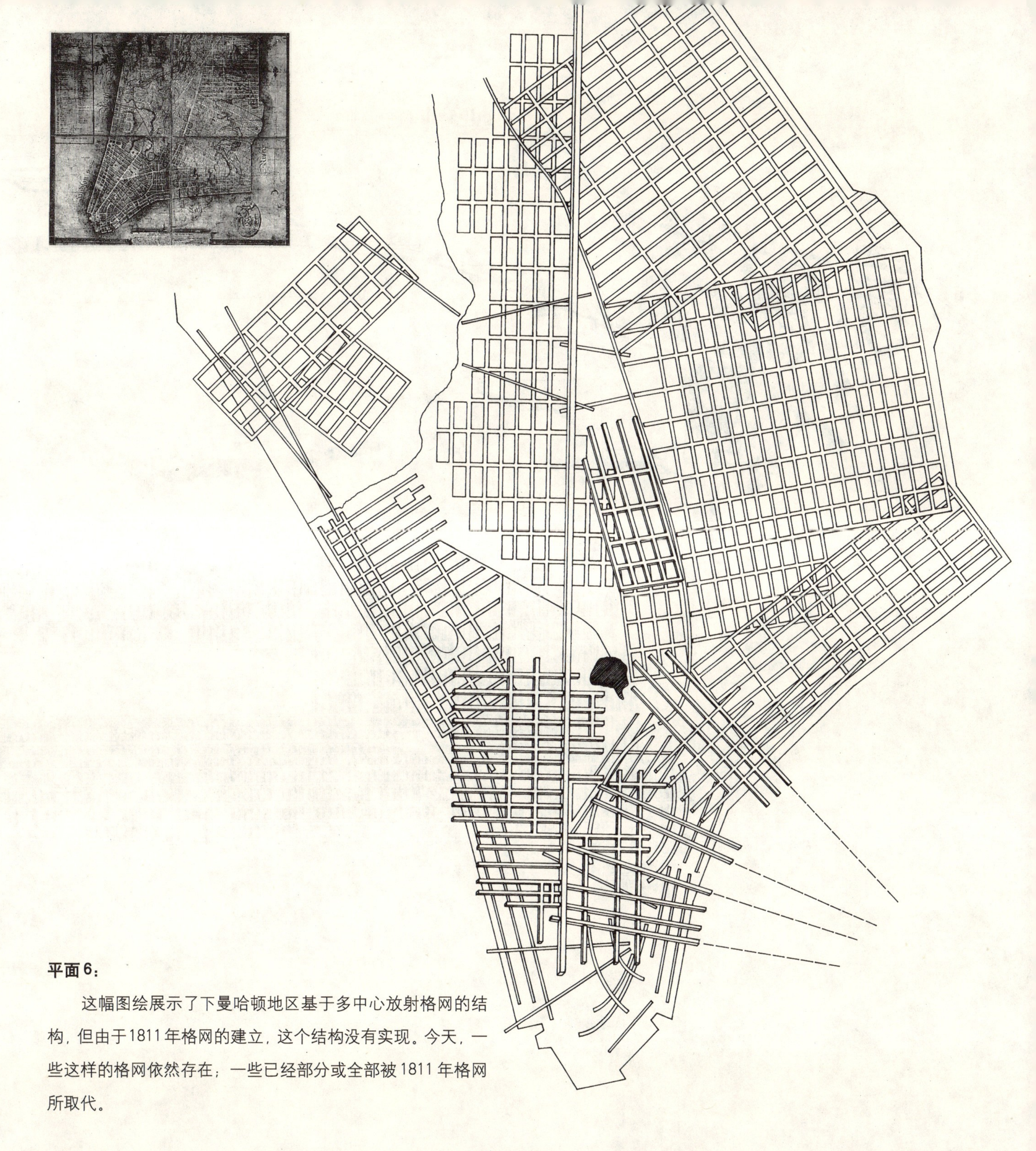

平面 6：

这幅图绘展示了下曼哈顿地区基于多中心放射格网的结构，但由于1811年格网的建立，这个结构没有实现。今天，一些这样的格网依然存在；一些已经部分或全部被1811年格网所取代。

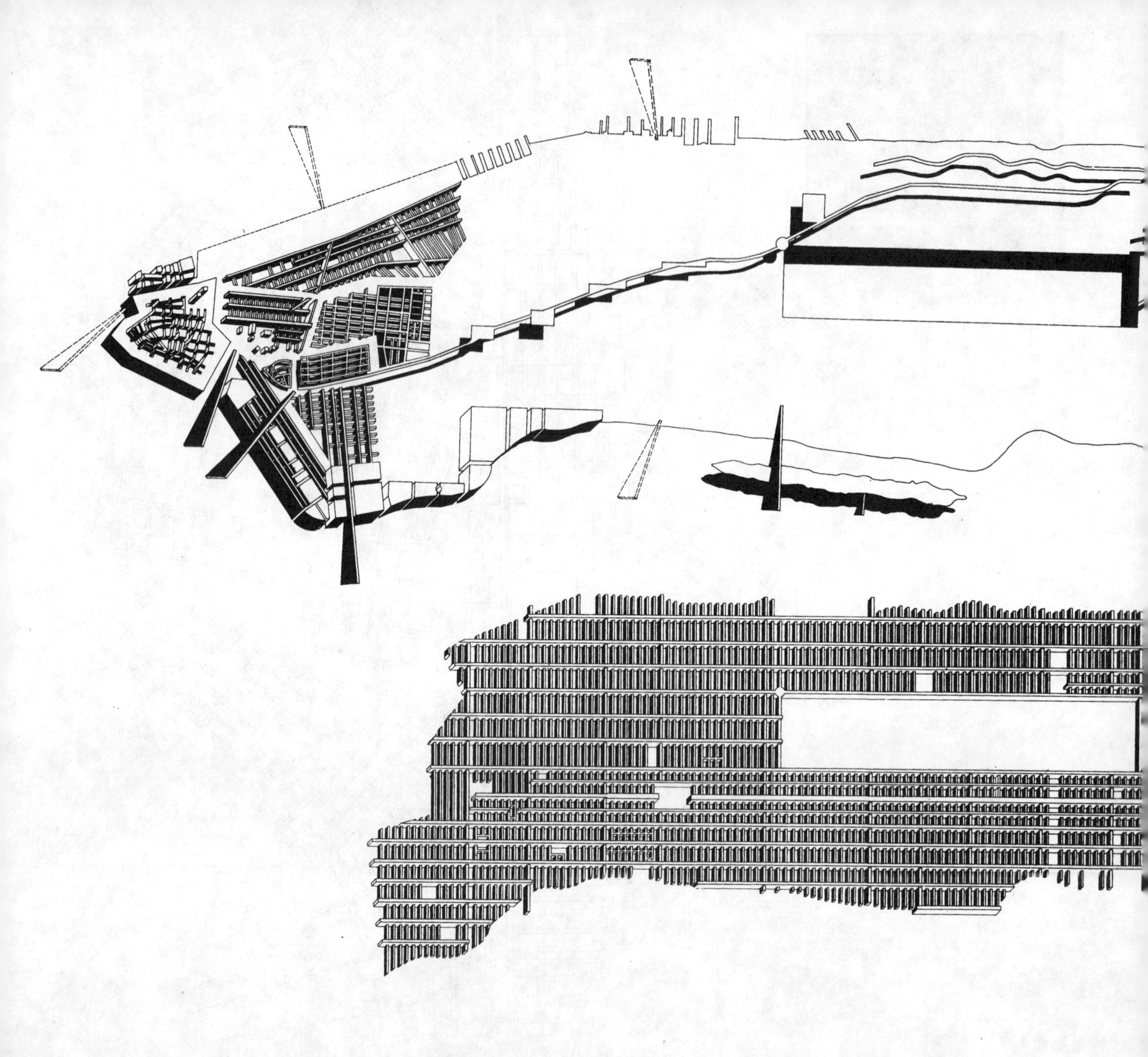

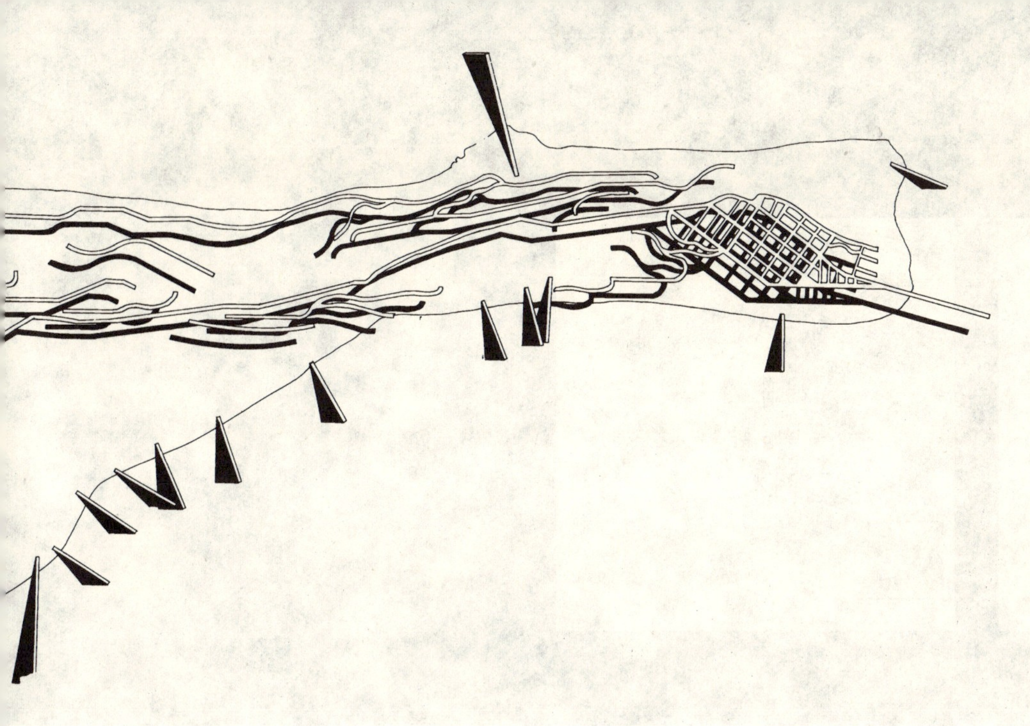

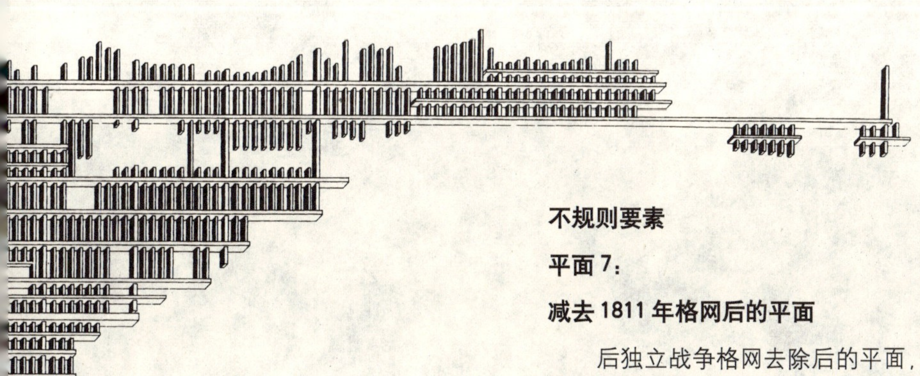

不规则要素

平面 7：

减去 1811 年格网后的平面

后独立战争格网去除后的平面，显示了接合曼哈顿形式结构的主要城市情形。主要特征包括：中央公园（Central Park）的开放空间与城市肌理（缺席的格网）的对立；前独立战争格网在曼哈顿岛南端的碰撞；西北部顺应地形的南北向街道系统；和百老汇大道对这些多样情形的连接。百老汇大道与宽阔的东西向街道的交叉形成了一条公共空间链：第14街的联合广场(Union Square)、第34街的海瑞德广场(Herald Square)、第42街的时代广场(Times Square)和第59街的哥伦布广场(Columbus Circle)。桥梁和隧道连接着曼哈顿岛，随机地点缀在曼哈顿的肌理上。

平面 8：1811 年格网

狭长的街区是格网的主要特征。有两个主要特例：第一，第五大道以东到第三大道的带形地区，麦迪逊(Madison)和莱克星顿（Lexington）大道将带形街区分隔为正方形街区；第二，上曼哈顿地区遵循不规则地形所形成的街道系统，格网碎裂。

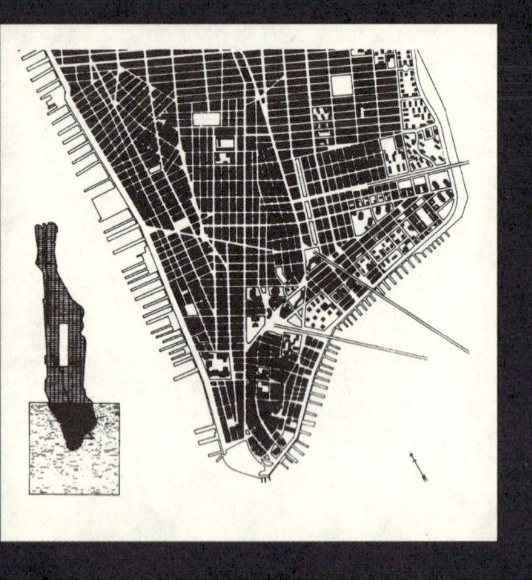

1811 年格网以下的平面

平面 9：袖珍平面

袖珍平面（城市街区和客体建筑物以实体表现）描述了曼哈顿平面中紧凑肌理和客体建筑物场的差异：世界贸易中心的超级街区，包括福利广场（Foley Square）和联邦广场（Federal Square）的纪念广场、东河畔的住宅群，以及位于 La Guardia Place 的纽约大学住宅。

平面 10：平面的碎裂

我们怎样开始分析不规则平面呢？通过断裂"文本"，将地区碎裂为较小的，模式可识别的片区。这个操作展现了不同格网的扭曲和转化。

下曼哈顿地区的平面现在包括对应于不规则性的"完美格网"，体现主要格网倾向的区域和中间过渡性区域。在边缘的四个片区中，第 1、7 和 8 片区显示了与码头相关的格网，第 4 片区与深入区域的威廉斯堡大桥（Willamsburg Bridge）相关。中心区域也分为 4 个片区，西部两个，东部两个。西部的两个片区呈现不同方向的正交格网。第 2 片区呈南北向，第 5 片区呈东西向。东部两个区域包括过渡性肌理，反应不同的中间过程，如相交的挤压和弯曲。这些片区的两维和三维的图绘展示了街道和格网的叠加、交叉、街与道之间的等级区分。

平面 11：片区 1A

该片区的北部是放射同心圆模式的三个扇形格网，切入 1811 格网。平行于哈得孙河的南北向大道与扇形交织。片区的其他部分是由码头的方向所决定的街道系统。坚尼街（Canal Street）切过片区，对结构没有产生影响。

平面 12：片区 1B

街道实体与虚体（高与低）的反转图所呈现的断面等级，明确地显示了相互关系，并增添了新的信息层面。

平面 13：片区 2A

该片区的北部似乎形成于 1811 格网与休南区格网的交迭。这两个格网的上部结构创造了毗邻华盛顿广场公园（Washington Square Park）的广场街区，是格网之间形式转化的空间。

平面 14：片区 2B

南北向街道（Americas 大道，La Guardia Place，百老汇大道和拉菲雅街）和东西向街道［休斯顿街（Huston Street）和坚尼街］是超级街区的边界。

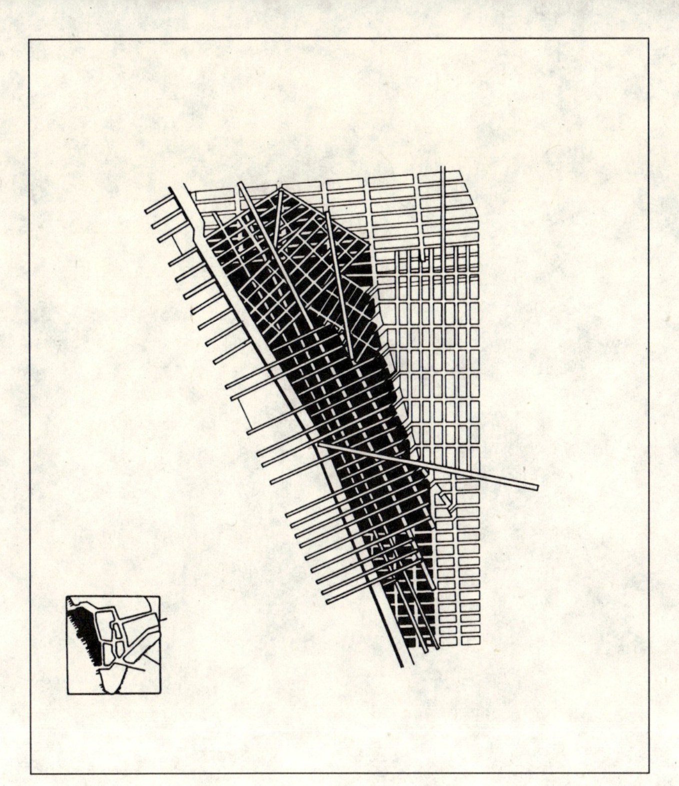

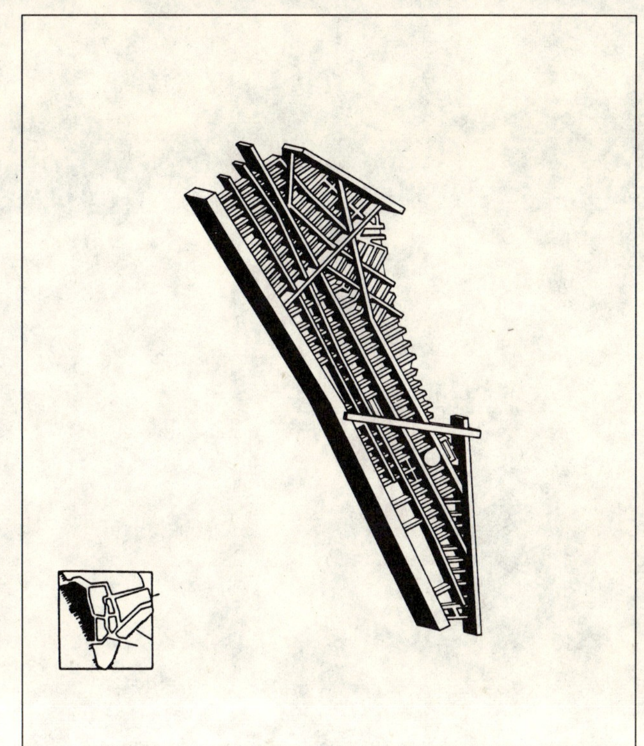

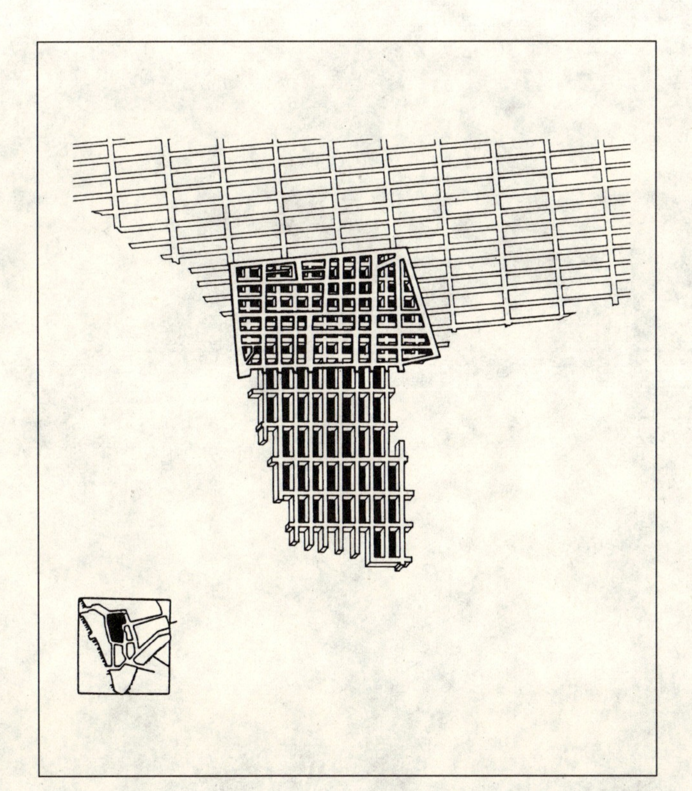

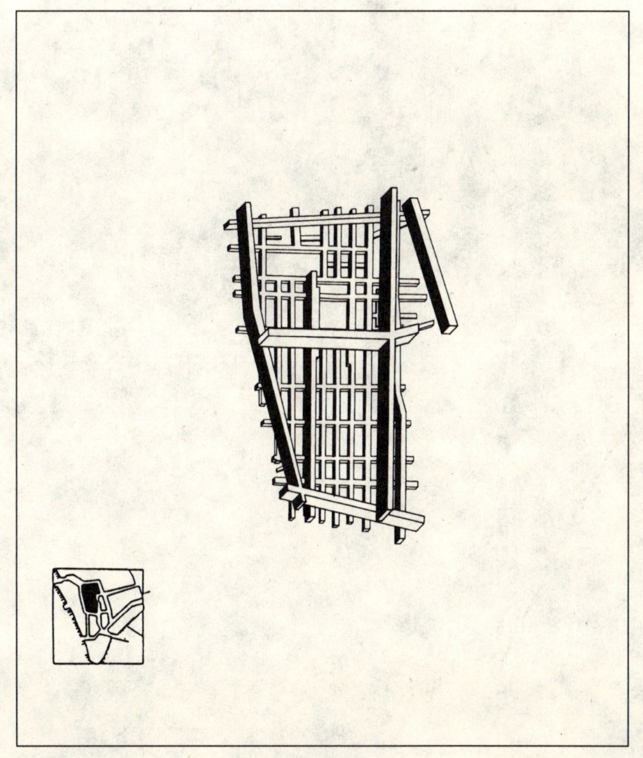

平面 15：片区 3A

这个街区结构形成于休南区（Soho）与东村（East Village）之间，沿东西向轴线压缩的格网之上。威廉斯堡和曼哈顿桥以及坚尼街形成了一个影响因素场，解释了不同格网的位置和格网对该片区的影响。

平面 16：片区 3B

该片区的压缩可以描述为第 2 片区和第 4 片区叠加的结果。

平面 18：片区 4A

图绘是为威廉斯堡、布鲁克林虚构的渗透性格网。这个格网在现实中是完全不透明的。这种不透明的主要原因在于：威廉斯堡大桥叉入了整个格网。

平面 19：片区 4B

这个片区中，肌理在达到东河前，为建筑客体场（住宅工程）所打断。建筑物以虚体的方式表现，从表现夷平肌理的5层楼高的实体中切出。

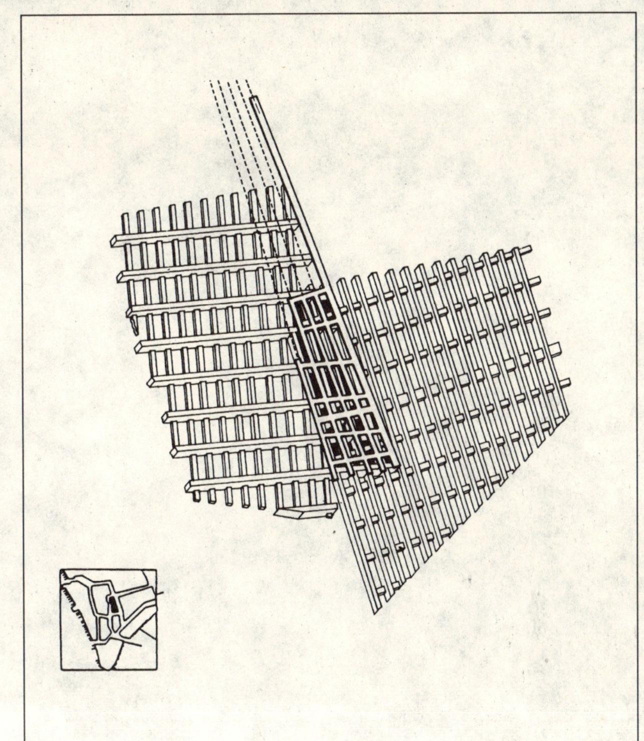

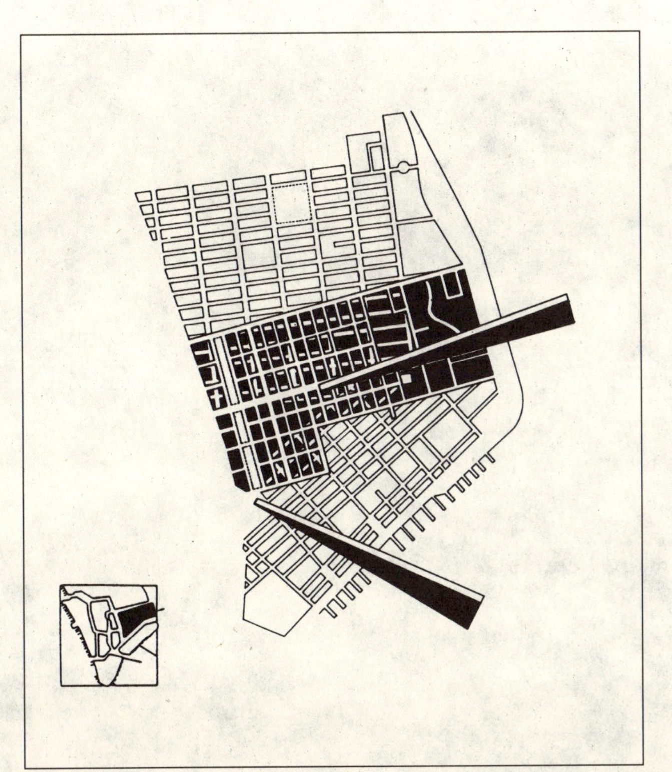

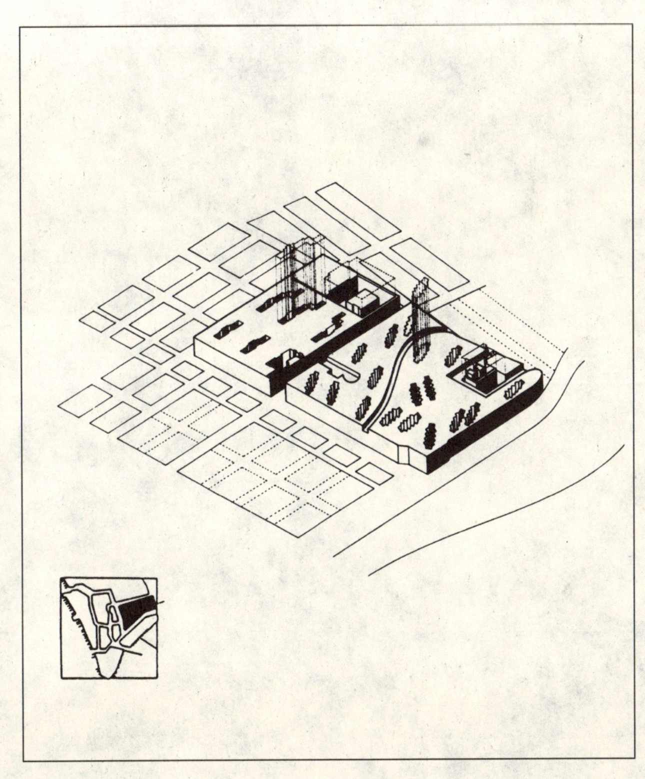

平面20：片区5A

布鲁克林桥进入曼哈顿，产生了一个爆炸性情形，肌理转变成了客体的场。百老汇大道（再次）成为终止这个力量的对抗线。然而，三条街道和形成这些街道的肌理，跨过百老汇大道的屏障，进入了这个巨大的三角区，挤压着纪念建筑物。

平面21：片区5B

坚尼街和曼哈顿桥是北部城市肌理和南部客体建筑物场的门户。

平面22：片区 6A

这是另一个转换片区，在这里格网发生了弯曲。在毗邻片区的扭曲作用下，该片区的格网虽然抵制了坚尼街的影响，但却在东河格网和曼哈顿桥的压力下发生了弯曲。

平面23：片区 6B

百老汇大道是西部城市肌理和东部建筑物客体场的门户。

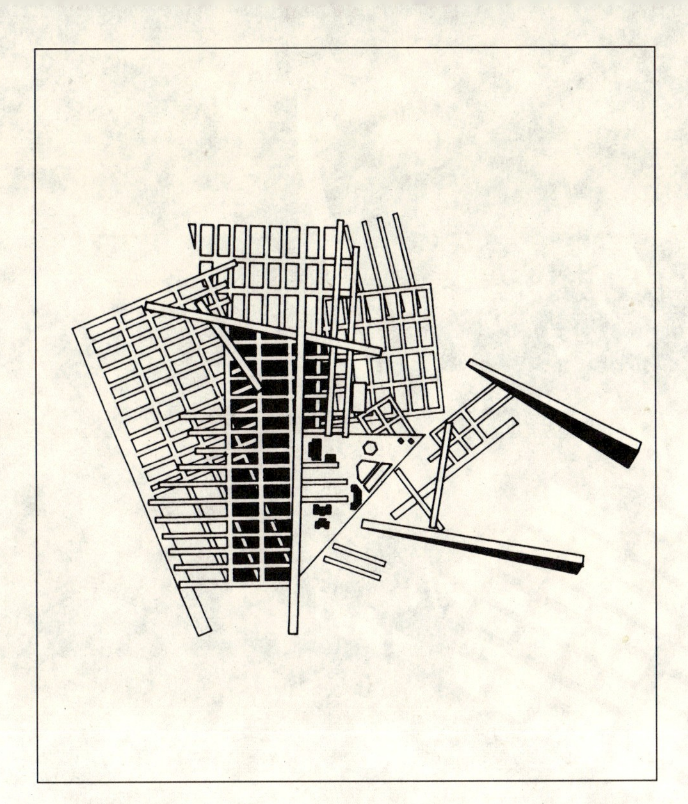

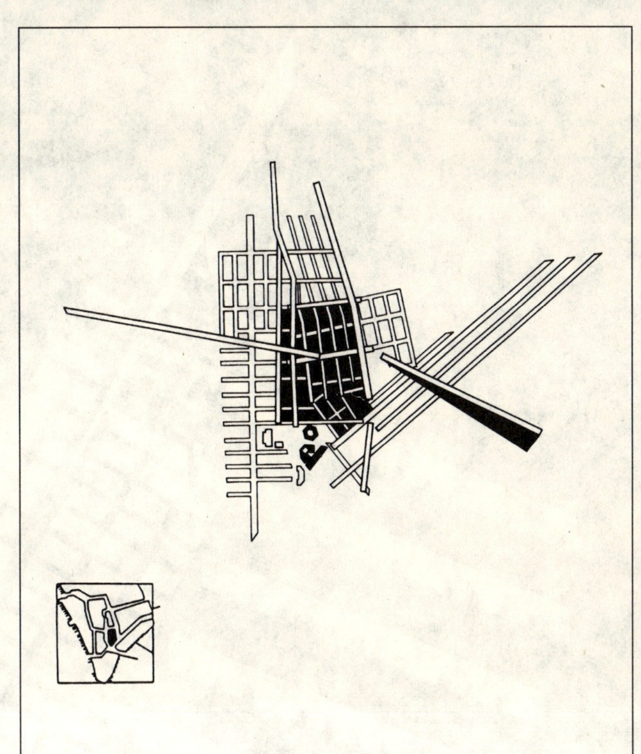

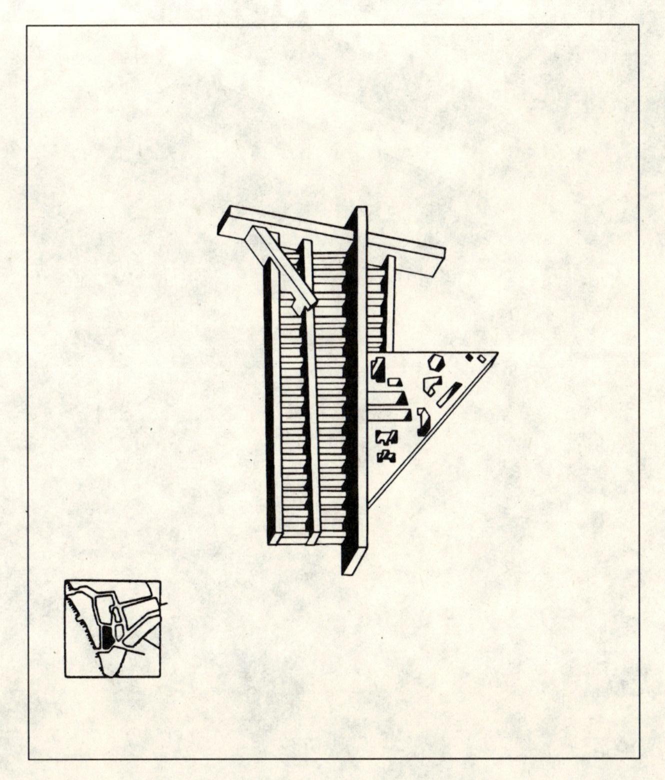

平面 24：片区 7A

曼哈顿大桥切割了这个片区，没有受到格网方向的影响。

平面 25：片区 7B

片区的城市肌理已经为"漂浮"在场上的客体所取代。

平面 26：片区 8

世界贸易中心形成的方形场地，补充了巴特里公园的圆形场地和福利广场的三角形场地。

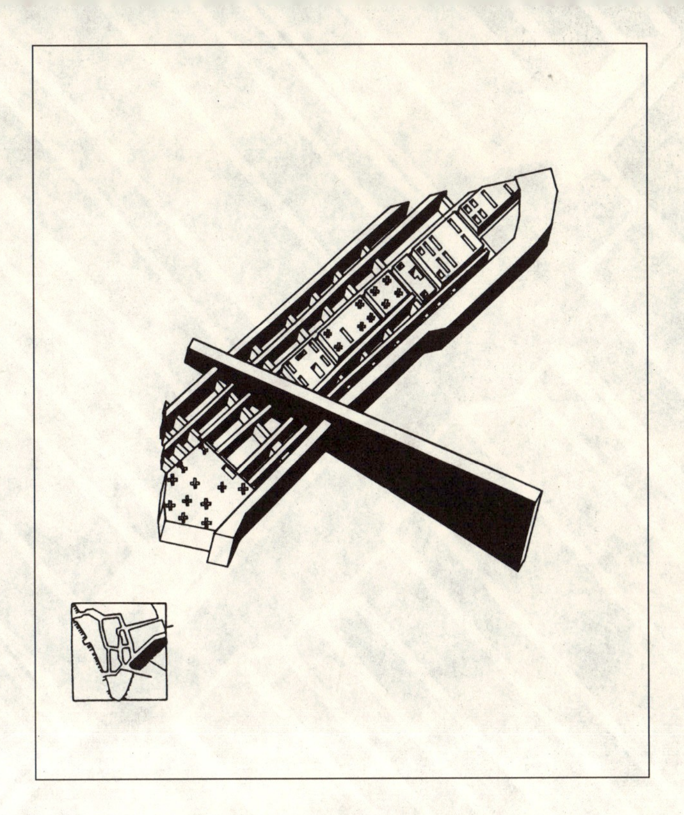

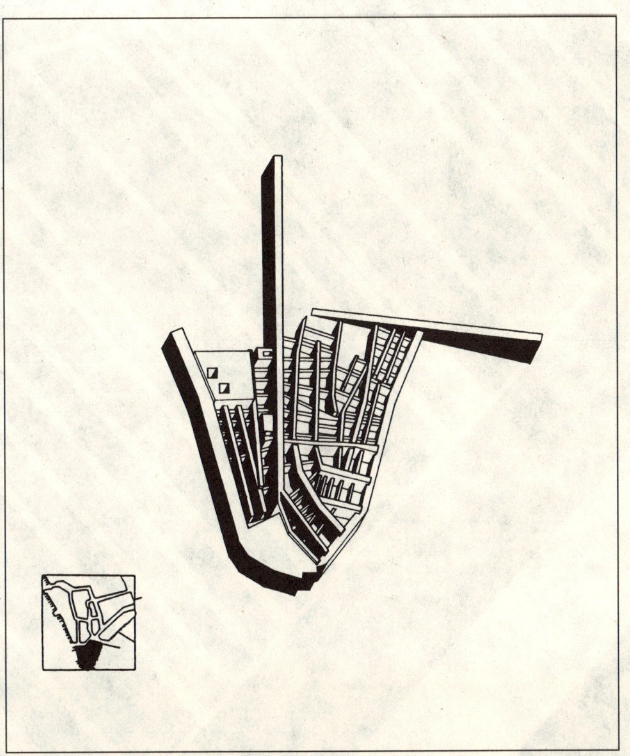

洛杉矶

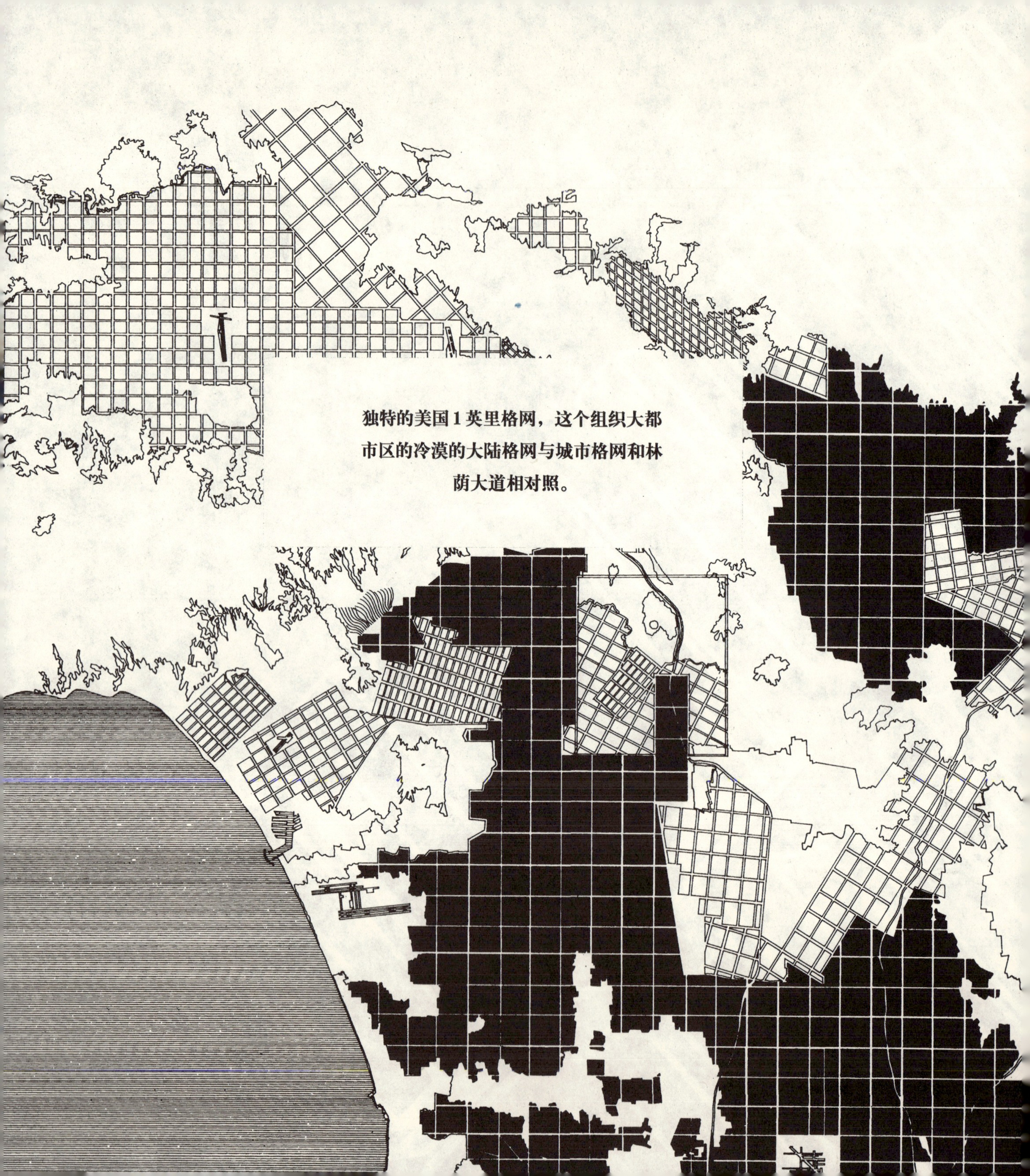

独特的美国1英里格网，这个组织大都市区的冷漠的大陆格网与城市格网和林荫大道相对照。

平面1：

疆域格网

洛杉矶平面可感知的混沌状态模糊了城市格网——类似客体（以不同角度分布）的巨型城市肌理与作为背景的1英里格网（不同城市之间的"胶粘剂"）结合形成的复杂的系统。1英里格网为山丘所干扰，后者表现为水平面上的特例：格网形态、印第安历史格网、城市格网、1英里格网和山丘（非格网的形态）。

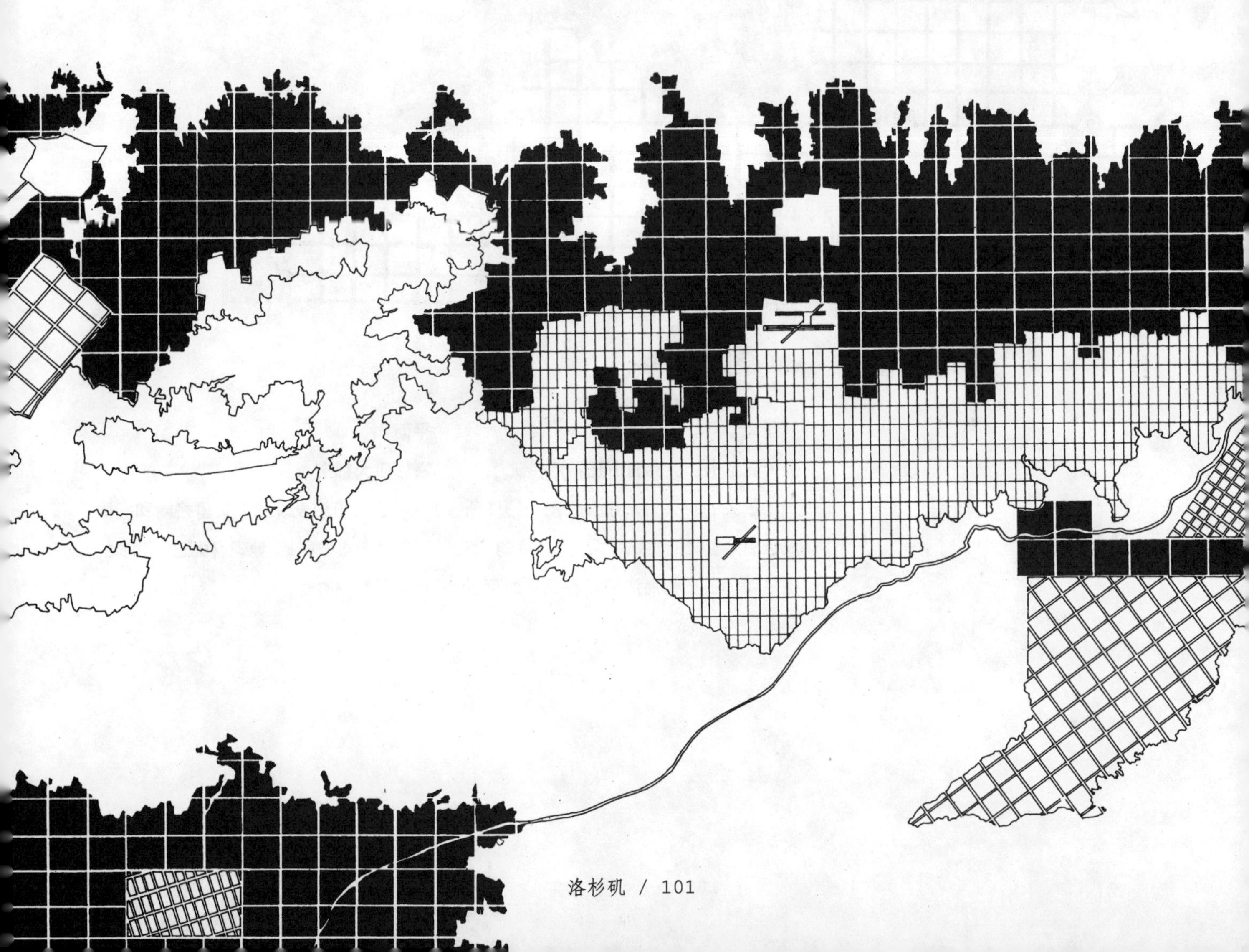

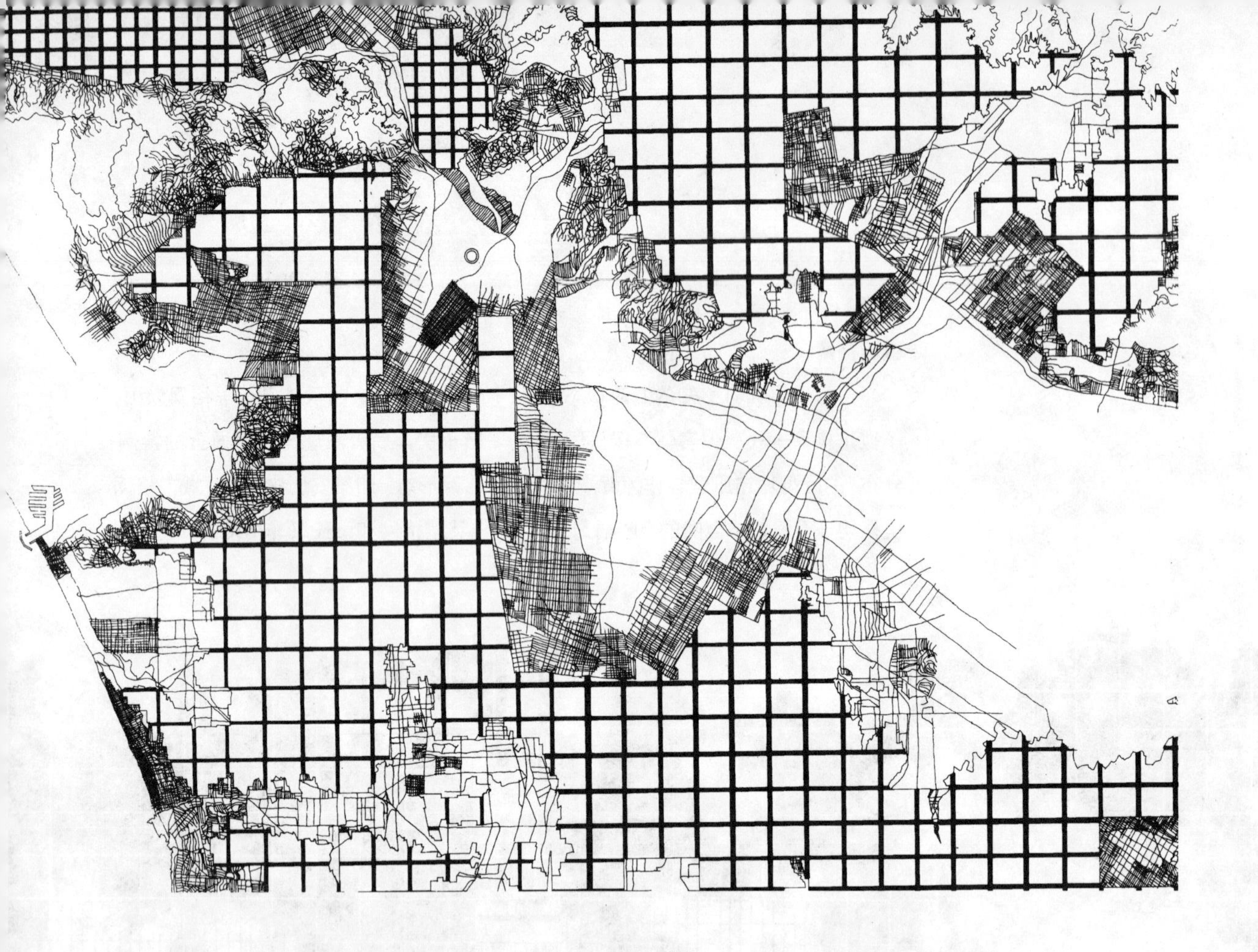

平面2：

圣·莫尼卡、贝弗利山丘和洛杉矶

放大的观察重新建立了前一幅图所表示的洛杉矶的拼贴平面。大尺度的1英里格网、山丘和海洋使洛杉矶平面可以解读。

平面3：

洛杉矶大都市

这幅图绘表现了1英里格网和凝固历史（城市格网）、地理（山丘）要素的复杂形态的对立。

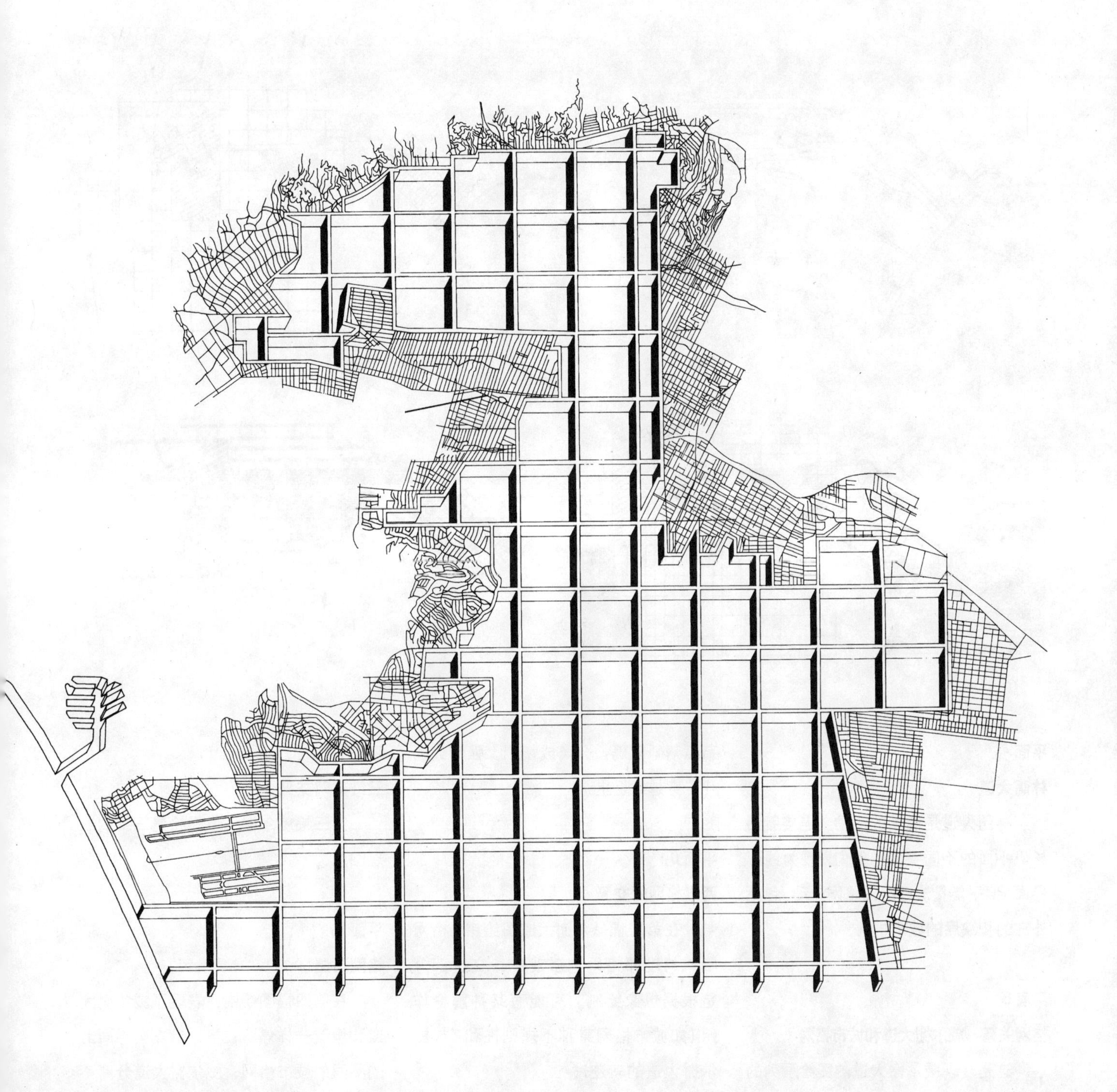

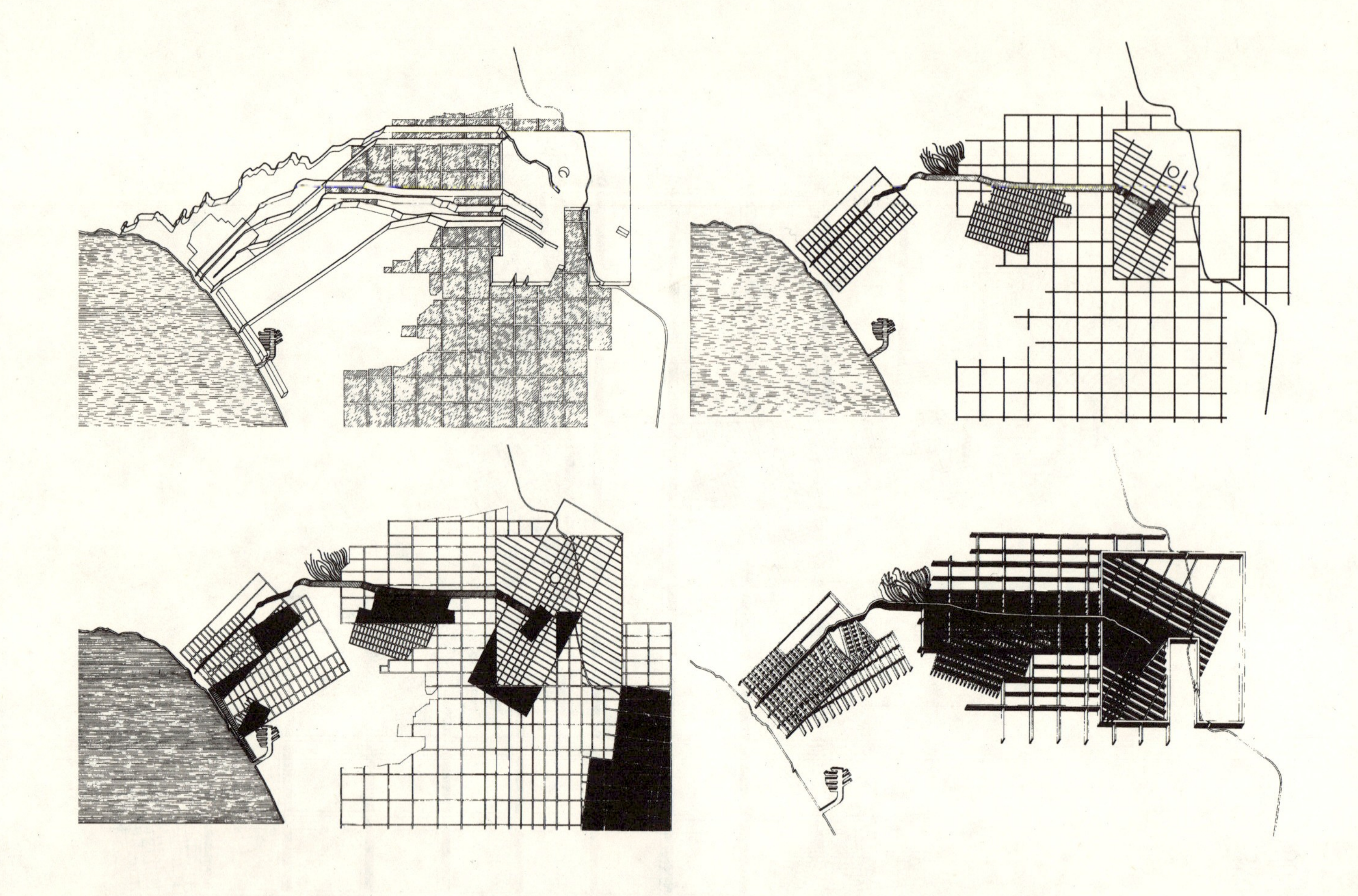

平面 4：

林荫大道

林荫大道是能量的流动，连接着洛杉矶平面的不同要素。他们表现为线形界面，似乎能量流已经沿格网流动，包括外在的和缺席的城市格网。

平面 5：

格网关系：威尔榭大道和城市格网

这是表现威尔榭大道的图绘系列的第一幅。威尔榭大道和城市格网之间的节点清晰明确：分离或切割、强调或弱化、穿越或阻止。

平面 6：

两维格网的交叉

在第二幅威尔榭大道图绘中，格网陷入与毗邻格网的游戏中。交迭部分是根据想像绘制，可能有某种解释作用（如城市格网某种不规则性和／或威尔榭大道的轨迹）。

平面 7：

三维格网交叉

第三幅威尔榭大道图绘是三维的表现图。

平面 8：

格网猜谜

在第四幅图绘中，表现了威尔榭大道和像谜一样停留在洛杉矶真实平面上的不同的城市格网。威尔榭大道分离不同城市平面或成为其边缘。

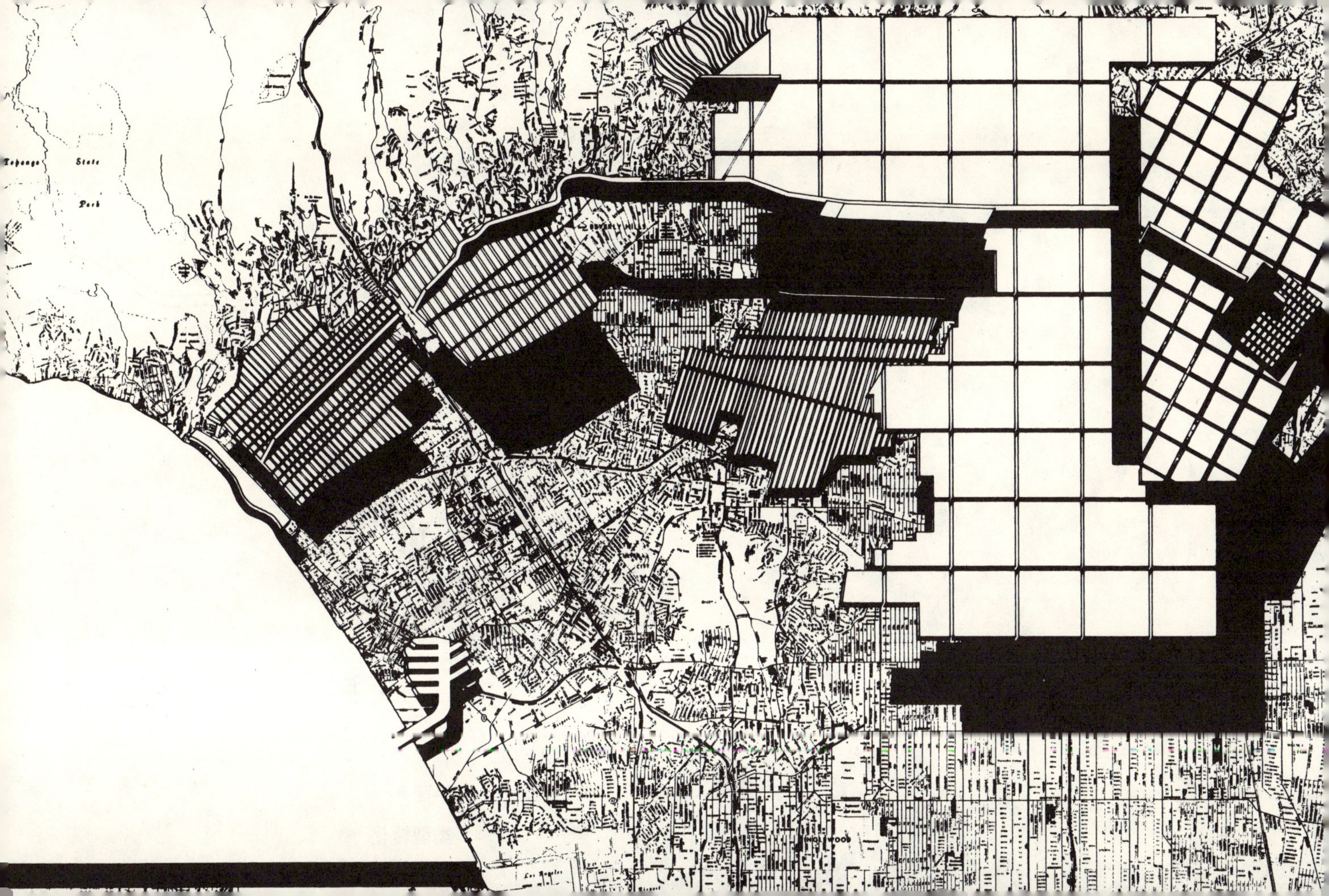
Topanga State Park
INGLEWOOD

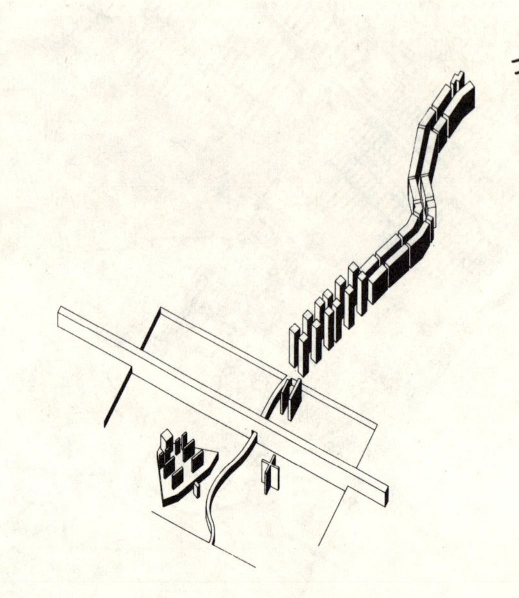

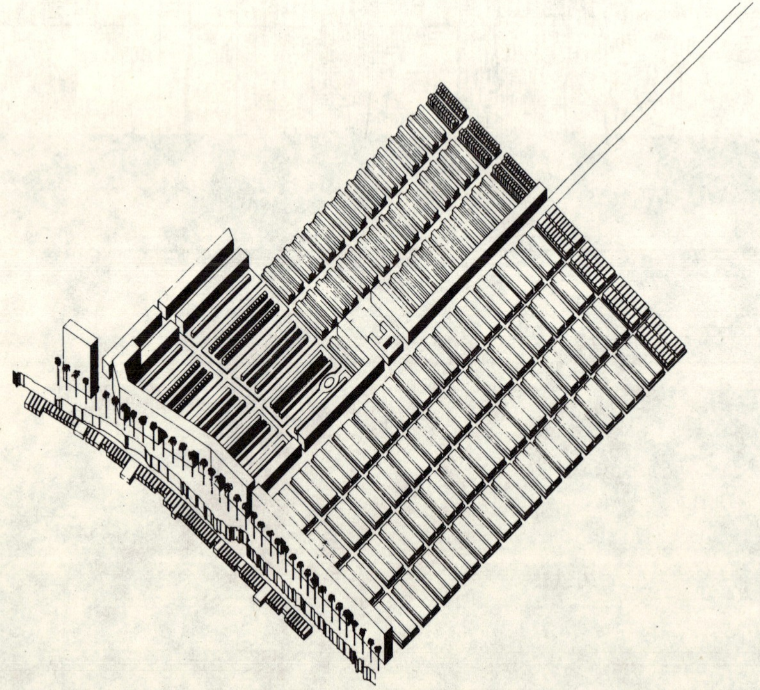

平面 9：

类型转化

这是威尔榭大道城市景观类型描绘系列的第一幅。威尔榭大道是最早的高层建筑廊道之一，呈峡谷状而不同于曼哈顿式的传统高层山丘。威尔榭大道实际上中分了圣·莫尼卡。

平面 10：

跨越 405

这幅图表现了两个状况。第一，高速公路，一个线形客体，穿越了为威尔榭大道（以实体表现）所中分的客体场。第二，威尔榭大道由起始于此的高层建筑廊道的界面所界定。

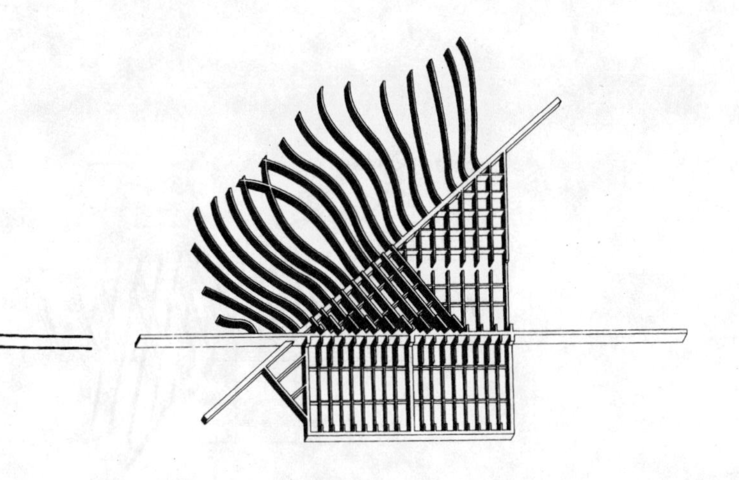

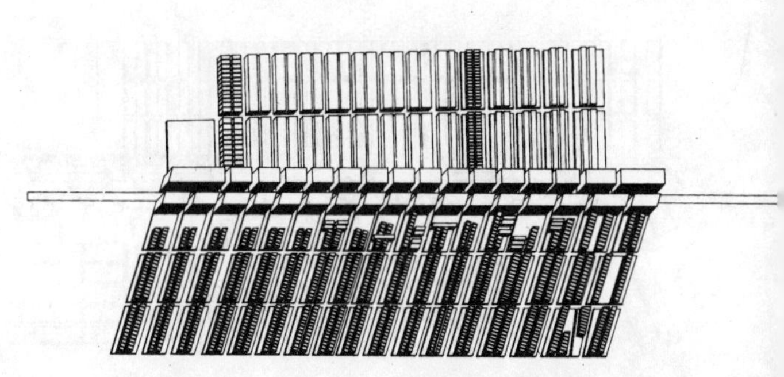

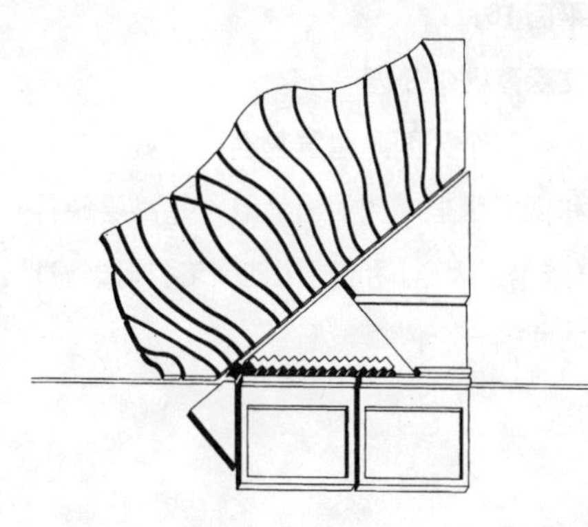

平面 11：

贝弗利山丘（1）

贝弗利山丘是洛杉矶最与众不同的形态结构之一。起伏的街道是水平格网与山丘之间的独特而鲜明的过渡。

平面 12：

贝弗利山丘（2）

从类型学的角度，贝弗利山丘提供了威尔榭大道不是场所而是边缘，不是空间而是地区之间边界（街道的每一侧都是不同的）的第二个例证。

平面 13：

高层建筑界面

这幅图绘显示了威尔谢大道高层建筑界面的“零度功能”，是毗邻的以独户住宅为肌理特征的低层建筑区的界面。

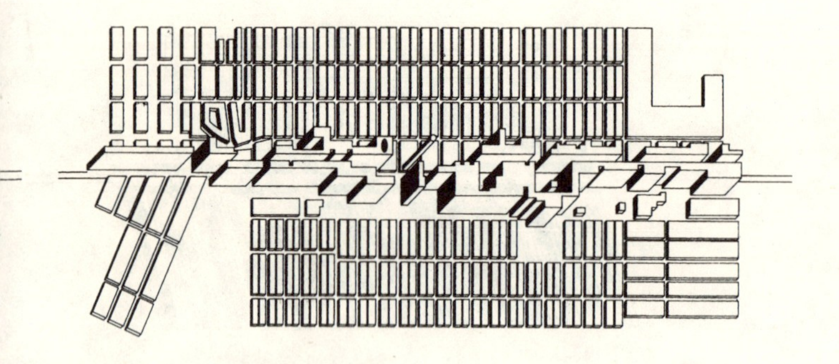

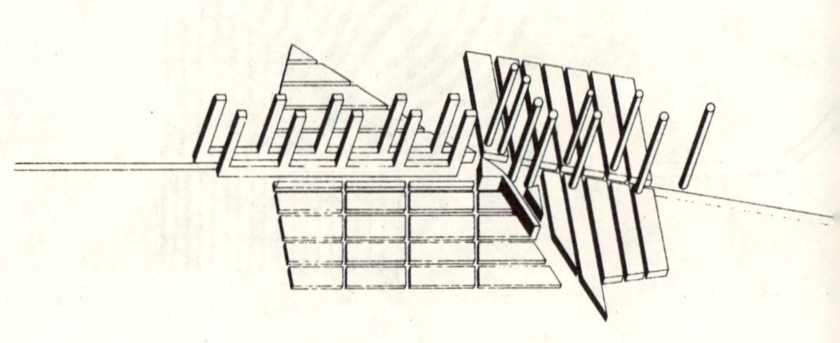

平面 14：

形态／类型关系

方向对应的双折格网和高层建筑物类型可以从现存街道模式和建筑物中反映出来。基座相连的塔楼坐落在以东西向为主导的格网上，而浮动的塔楼坐落在南北向为主导的格网上。

平面 15：

发展

高层建筑峡谷创造了新的肌理。停车的要求侵蚀了界面后面的第一个街区。界面本身变得更具客体性——厚厚的界墙，更具形式感的正面和雕刻般凹进的背面——不再属于连续的肌理。

平面 16：

艾森豪维尔公园

这个公园是建筑物客体、城市空间和低层肌理序列的出发点，是高层峡谷（威尔谢大道）和高层山丘（洛杉矶老城）之间的一个停顿。

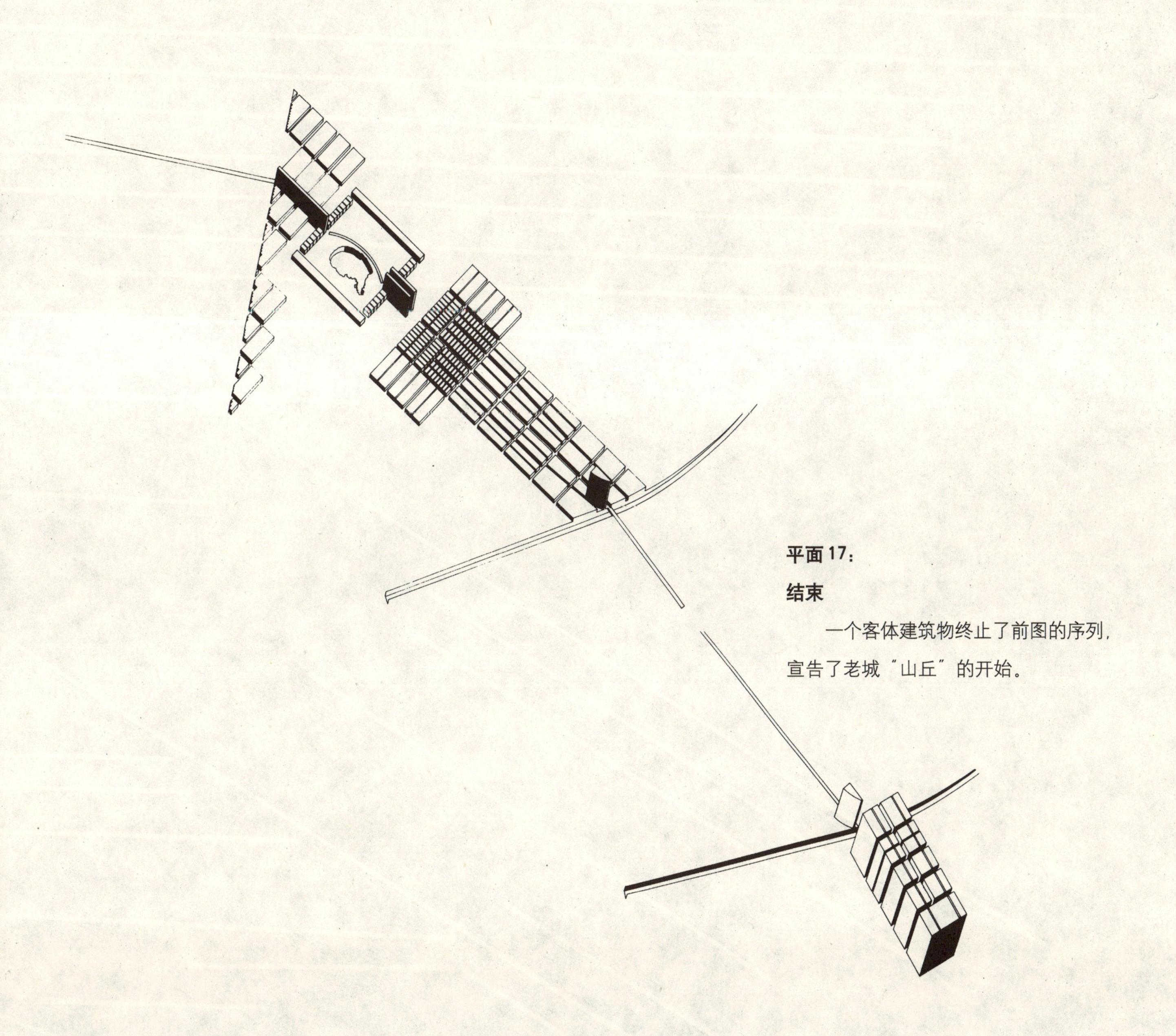

平面 17：

结束

一个客体建筑物终止了前图的序列，宣告了老城〝山丘〞的开始。

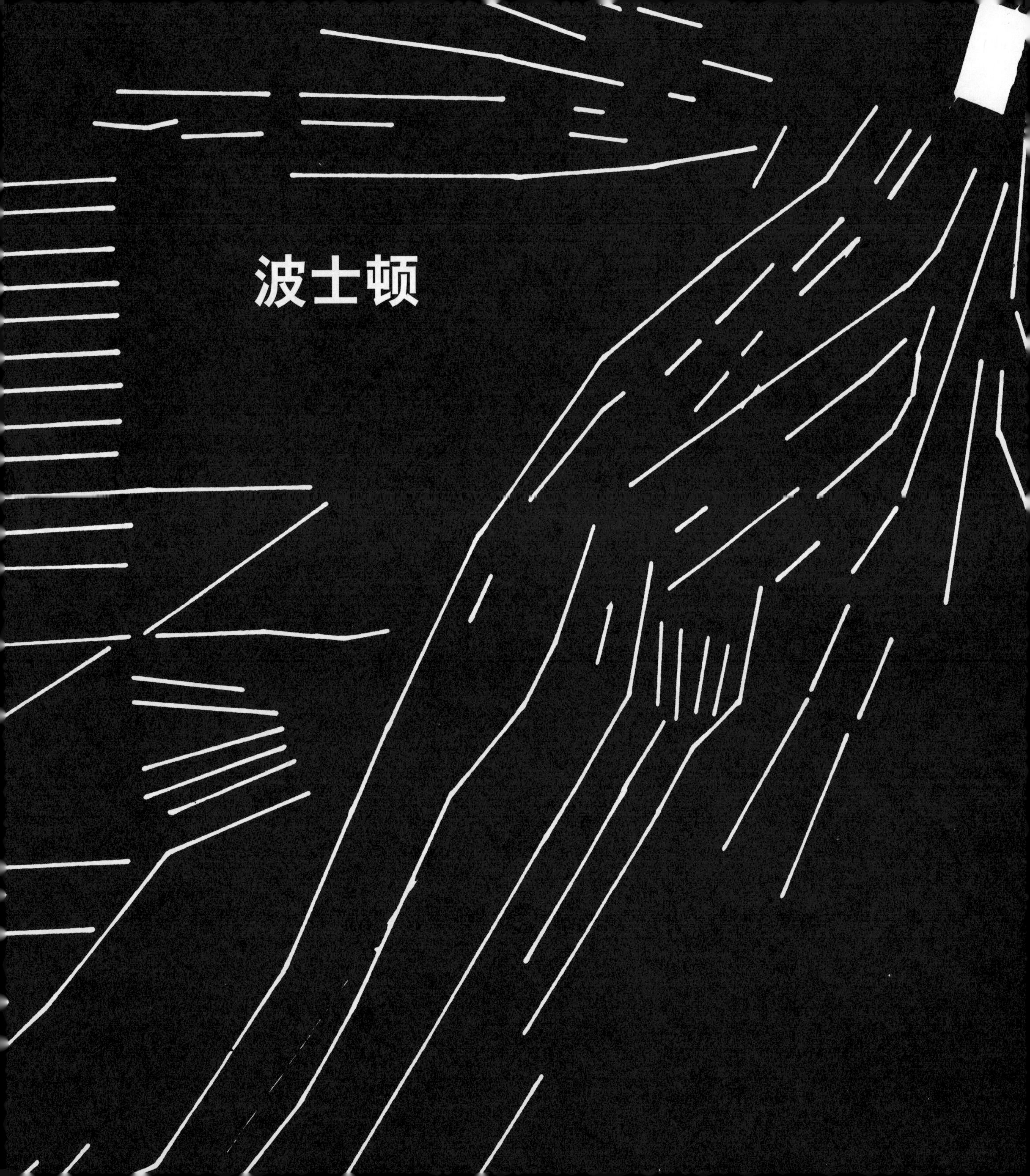
波士顿

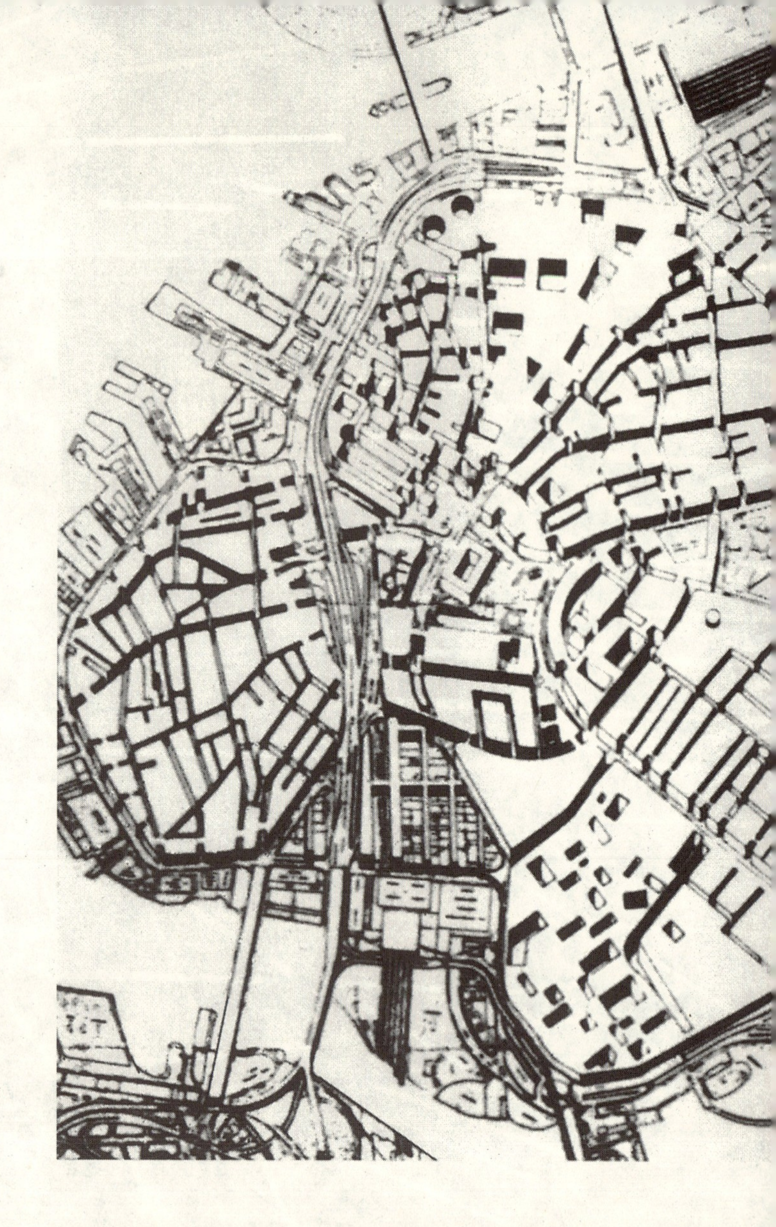

端部与颈部

城市肌理和场的替代片区
——有或没有建筑物客体——
构成了波士顿首部。
颈部可以看作是
不同格网叠加的结果。
二战以后的干预已经深深地
影响了波士顿的城市形态，
17、18世纪紧密交织的肌理区域已经完全被擦抹，
代之以现代主义的建筑开发。
形成了一系列的不连续的放射状肌理片区，
而穿插其间的是分析图所揭示的客体片区。
波士顿奇特的地形发展史
（削平山丘、填平巴克湾），
也许可以部分解释波士顿对于改变历史肌理的不同程度的对抗。

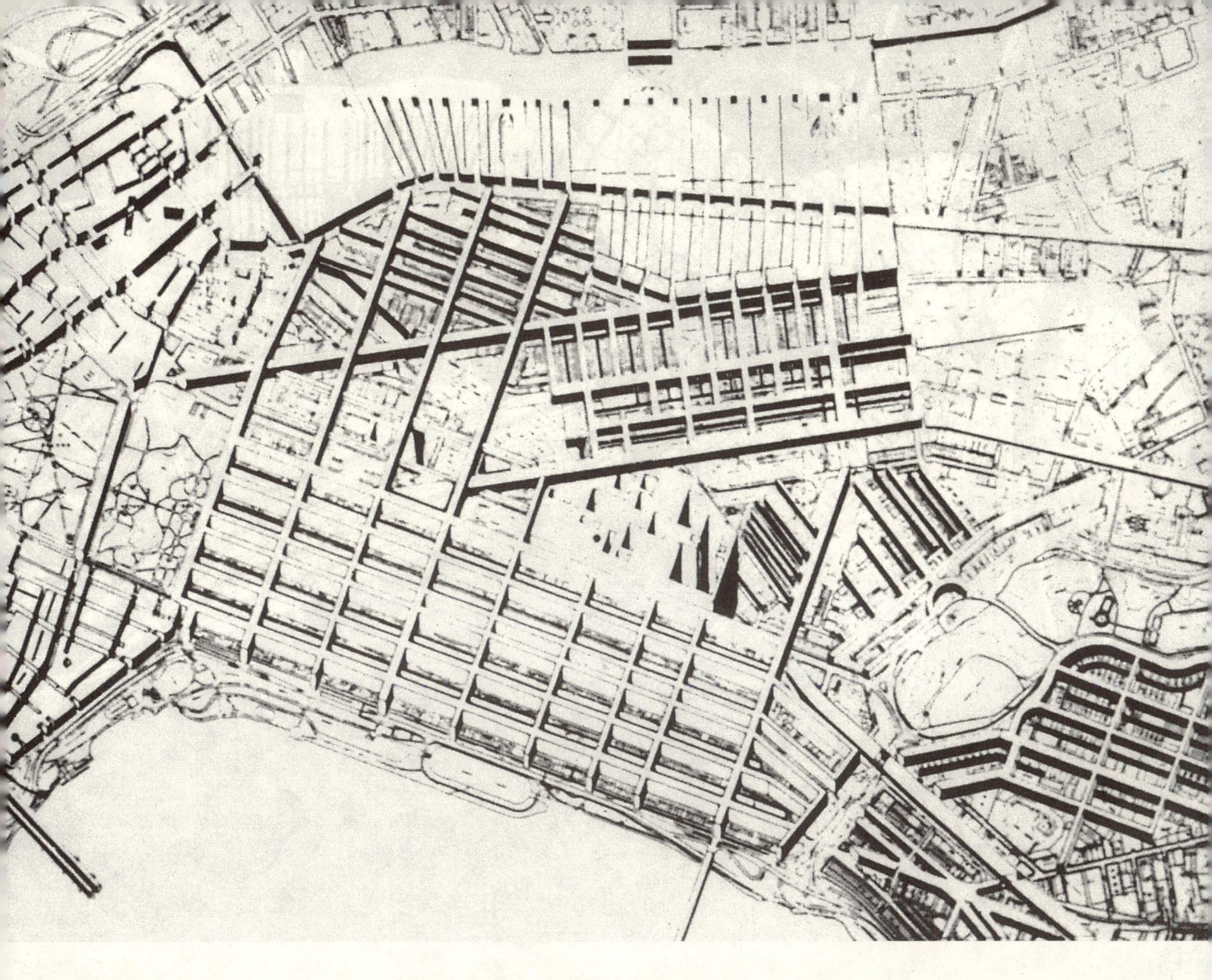

平面1：

波士顿的城市平面

城市的主要结构要素、肌理、客体建筑物场和格网被描绘为人造的、统一的植入，叠加在波士顿城市平面的背景上。

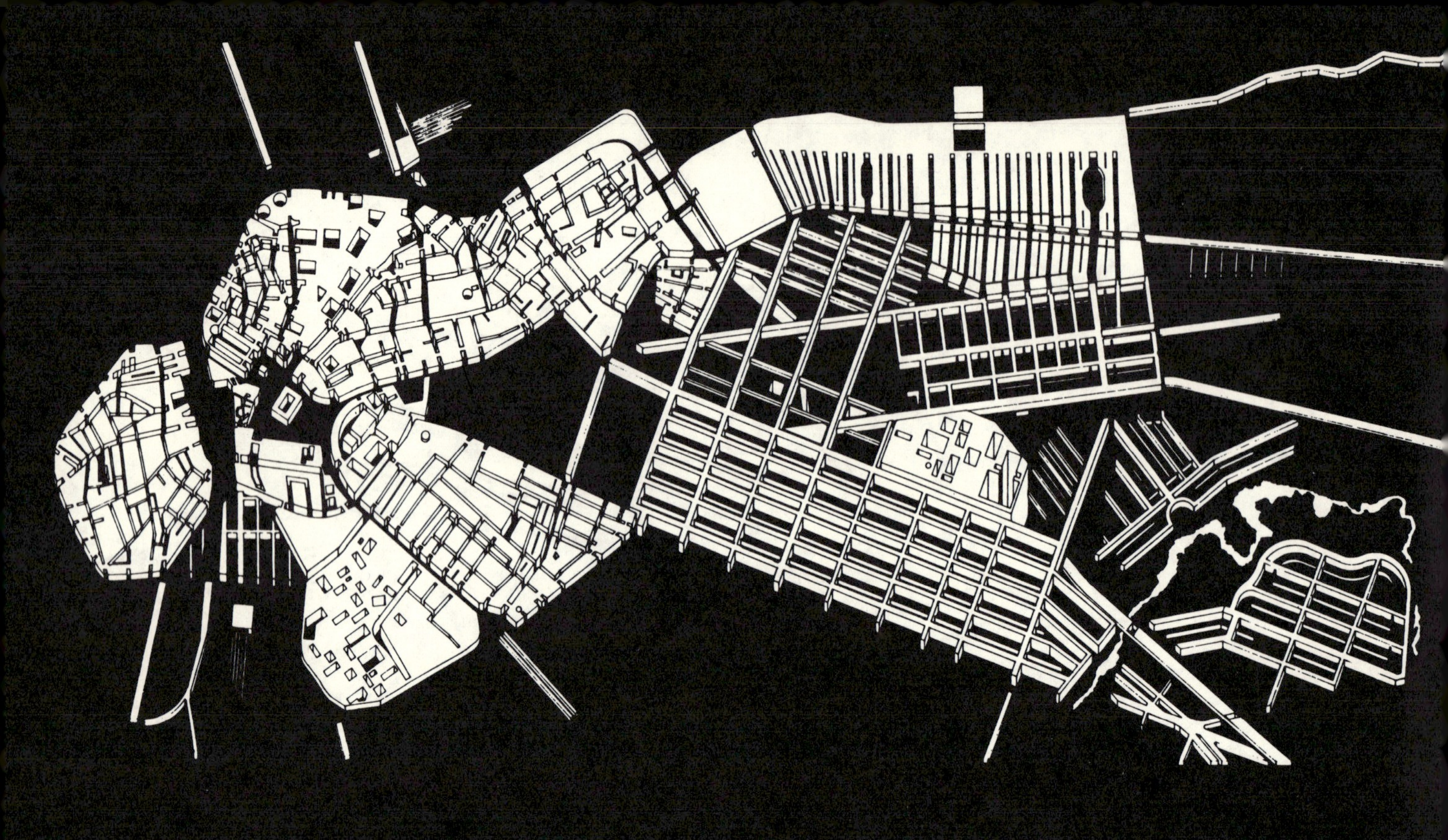

平面 2：

结构要素

在分层的过程中，街道平面被去除，只有结构要素得到描绘。

平面 3a–b：

三角形剩余

放射同心圆结构受到各片区正交格网、地形和开发计划边界的干扰。这些干扰区可以描绘为一系列的三角形剩余空间——是非结构的空隙或点状区域的城市化。

平面 4：

放射同心圆结构

这个袖珍平面展现了规则和扭曲（几何或有机）格网的混沌集合，袖珍平面的分层可以清晰地描绘放射形与圆形街道的关系。

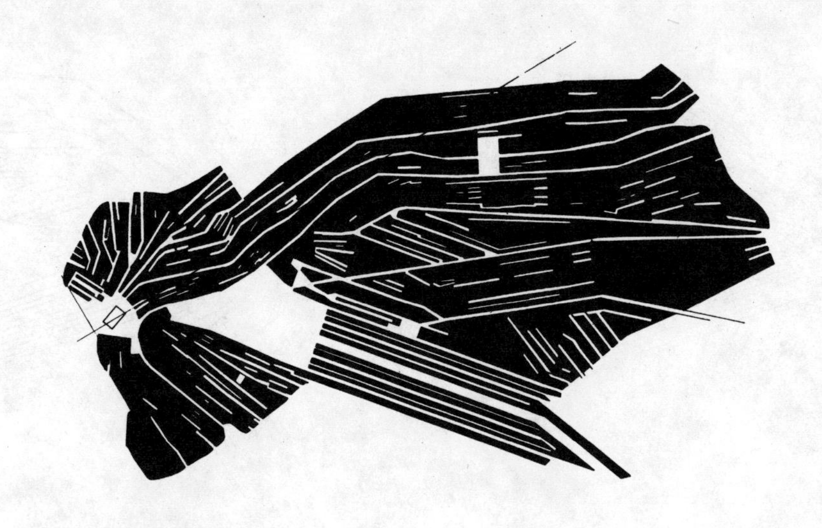

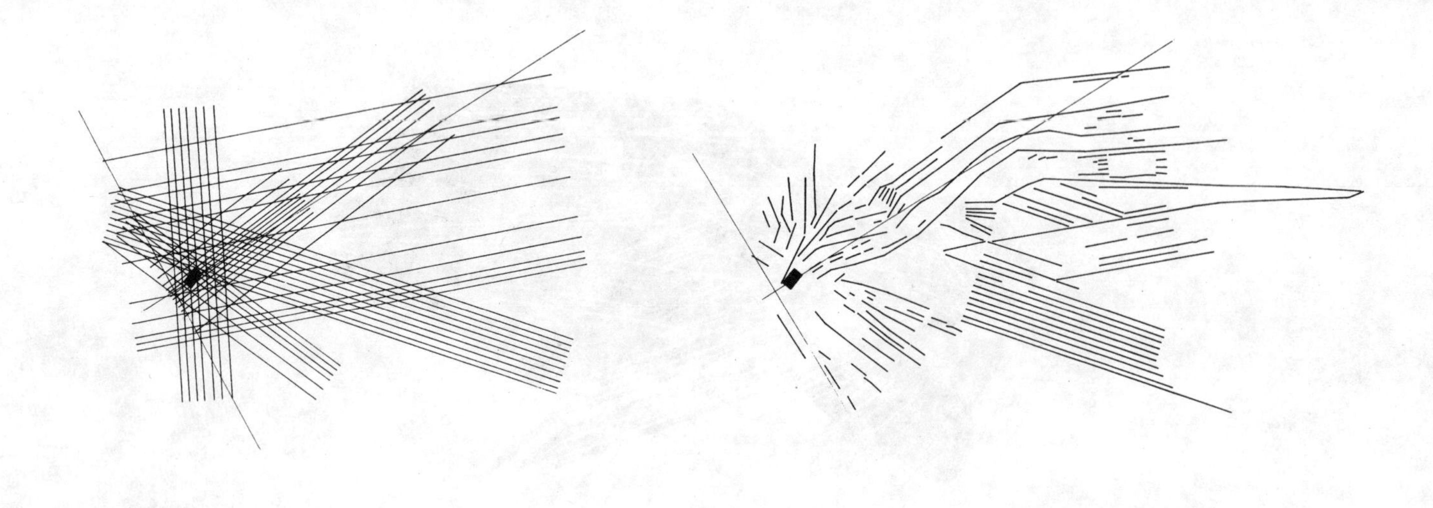

平面5：

放射系统

原初的放射同心结构组织了波士顿的主要城市要素，肌理、客体和快速路。放射形街道系统——比对应的圆形街道系统——更体现这种组织力量。这个等级结构在波士顿的端部和颈部都存在，形成了肌理和客体建筑物的秩序。即使在巴克湾（Back Bay）也是这样，巴克湾在结构上是一个放射形的片区，而非一个离散的区域。

a.放射街道模式，圆形街道和随之产生的街区模式。波士顿市政厅是潜在的中心

b.属于放射系统的端部和颈部街道

c.属于放射系统的颈部街道

d.巴克湾，普天寿中心（Prudential Center）和南城（South End）地区肌理和客体建筑物的图底反转

e. 巴克湾，普天寿中心和南城是放射系统的片区

f.建筑物轴线描绘了肌理和客体建筑物的系统关系

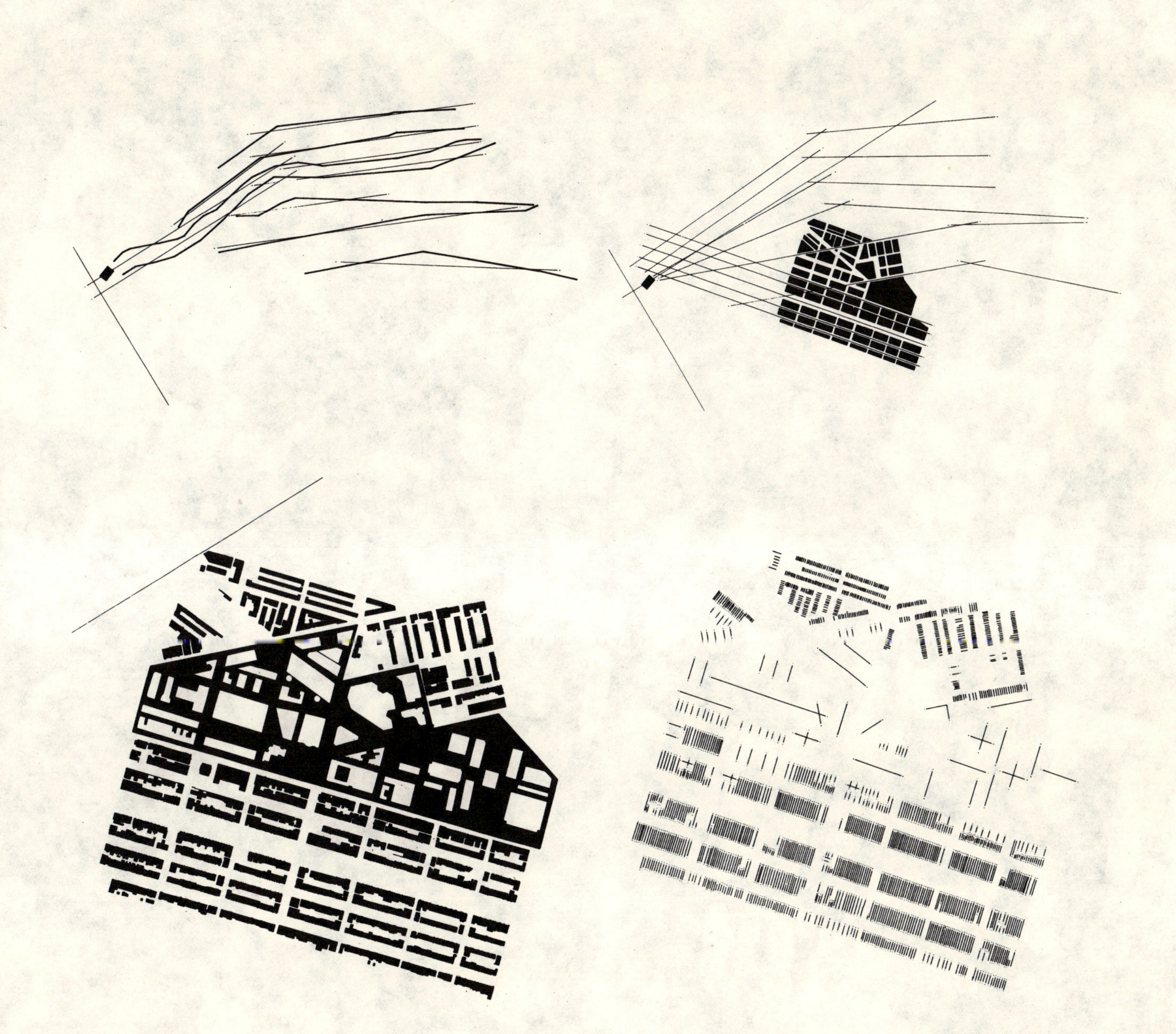

纽黑文

纽黑文的原始规划既包含着能确保原有格网存续的要素——有着中心公共绿地的特大形9方格格网（825平方英尺）——也包含着能够促进新秩序形成的要素，几条对角线街道从中心向外延伸。9方格格网周围的放射形场依然存在于今日的纽黑文城市平面中。尽管如此，这个描述也仅是对城市的简单的、知觉层面的理解。

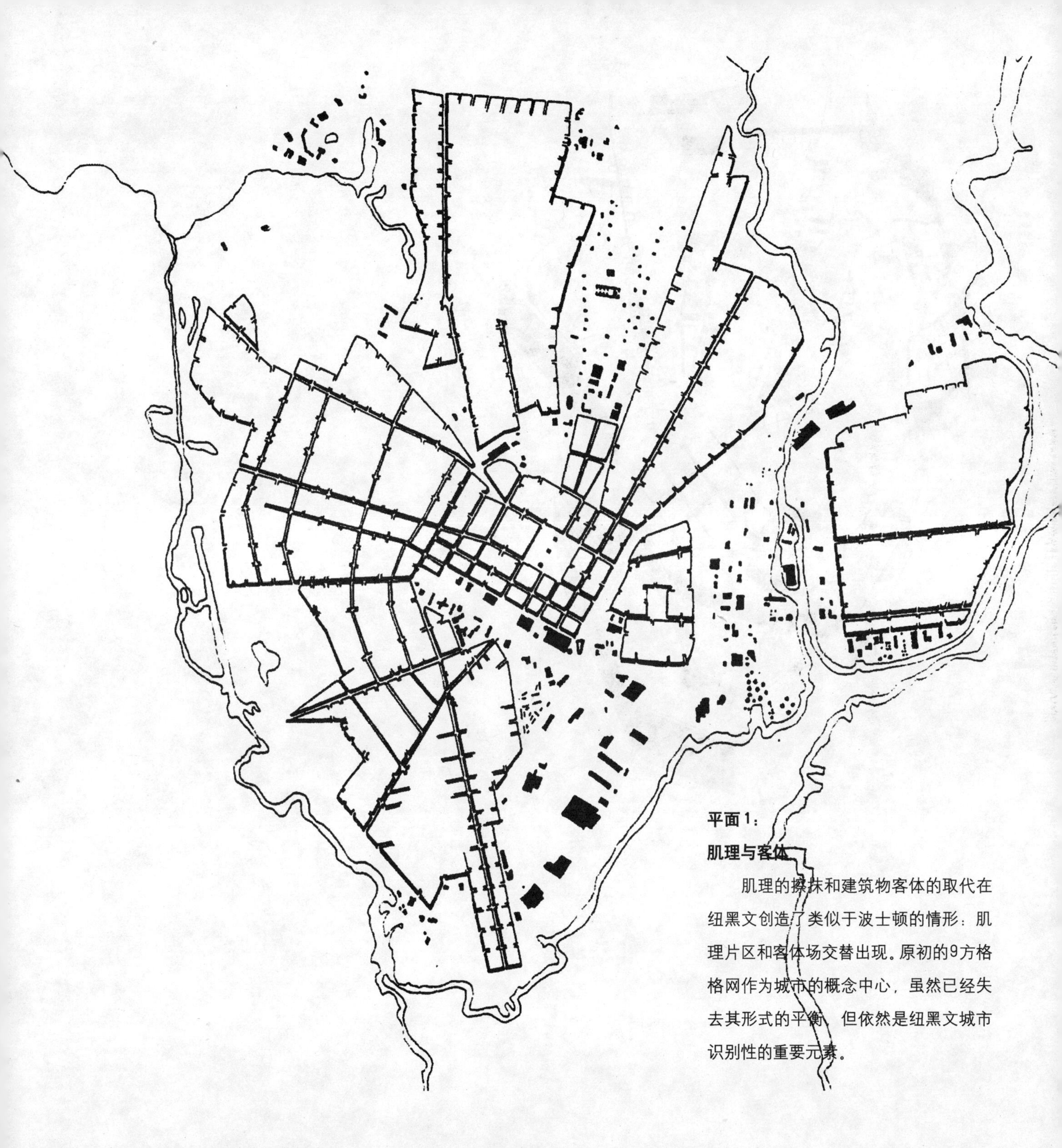

平面1：

肌理与客体

肌理的擦抹和建筑物客体的取代在纽黑文创造了类似于波士顿的情形：肌理片区和客体场交替出现。原初的9方格格网作为城市的概念中心，虽然已经失去其形式的平衡，但依然是纽黑文城市识别性的重要元素。

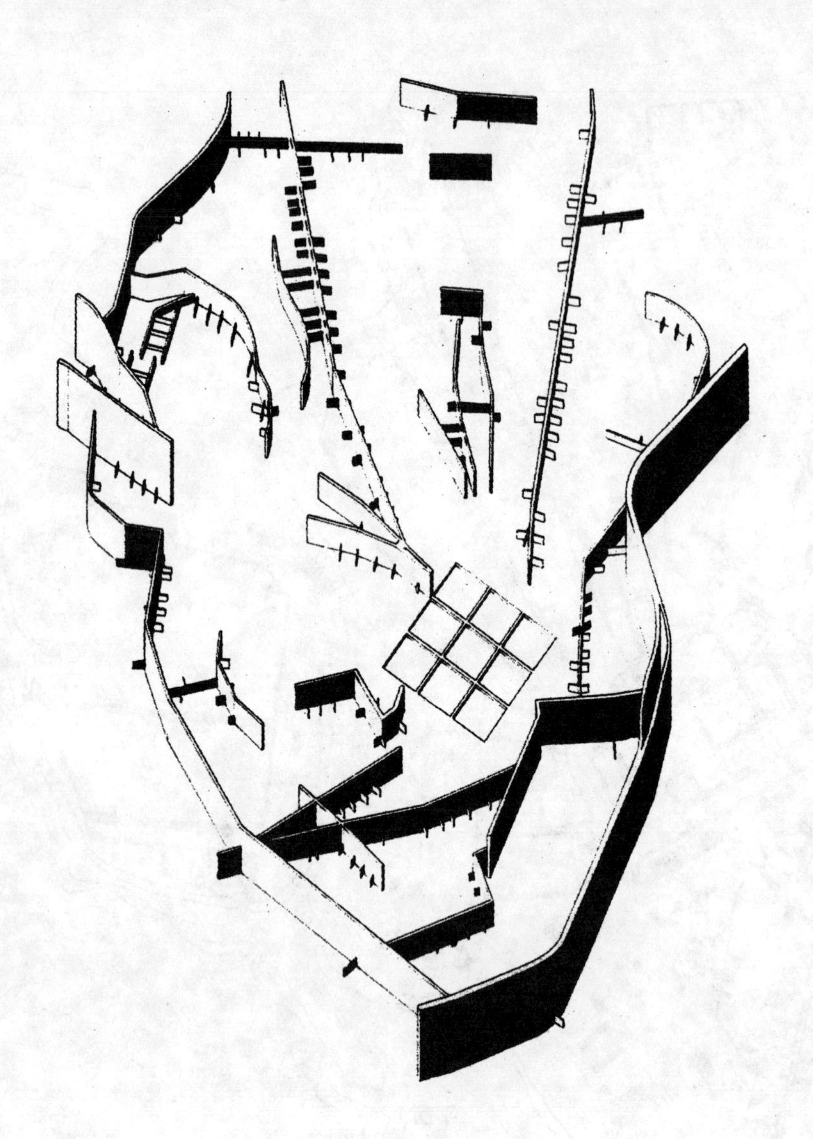

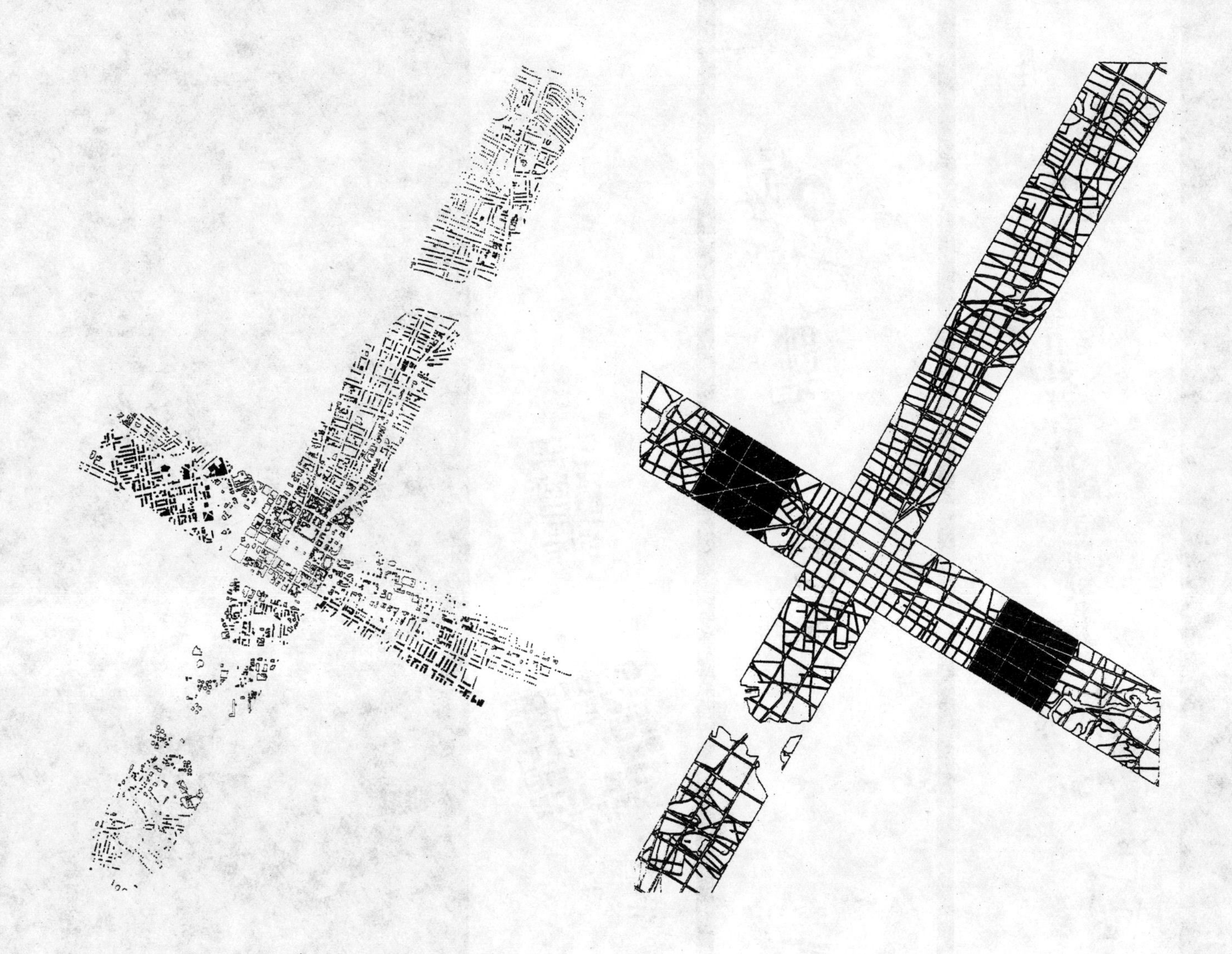

平面 2：

无形的墙

纽黑文环绕原初 9 方格格网的放射同心式发展，产生了分层隐喻的墙，即放射形街道中断和终止的断层线。无形的墙加强了对9方格格网的阅读，使阅读不仅限于中心绿地。

平面 3 和 4：

交叉

9方格格网的任意延伸形成了穿越平面的交叉，以另一种方式显示了放射同心结构围绕静止中心的运动，首先是与街道的交叉，然后，是与建筑物的交叉。

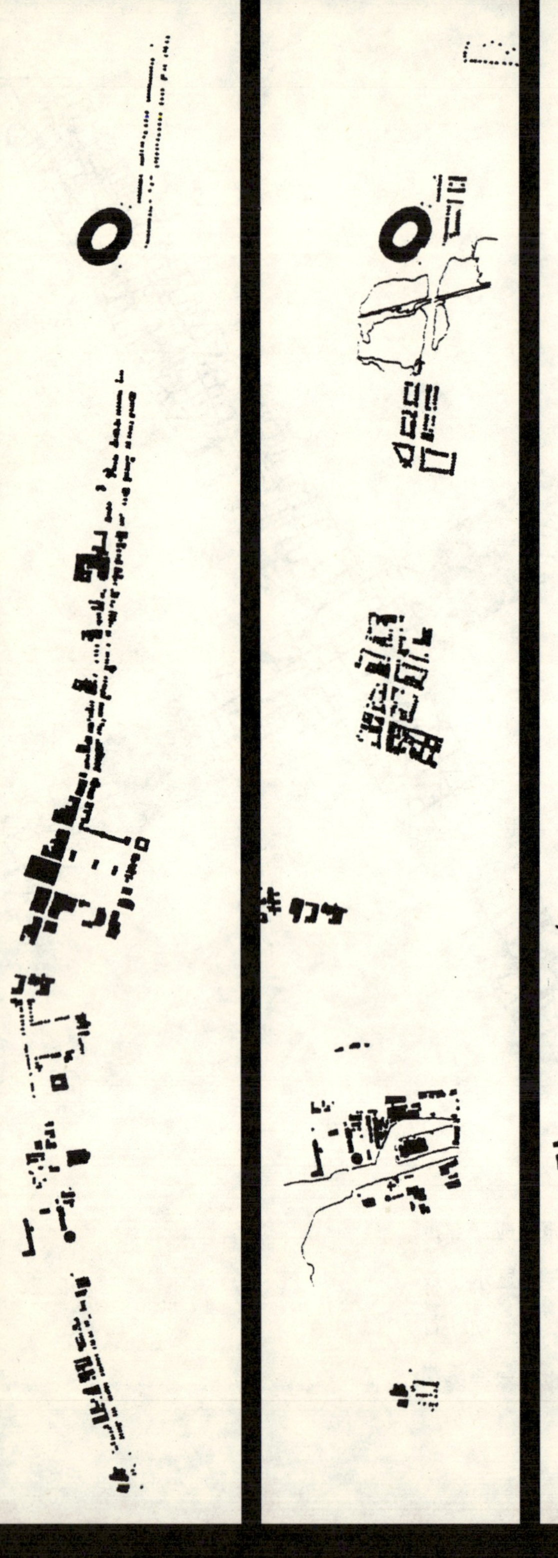

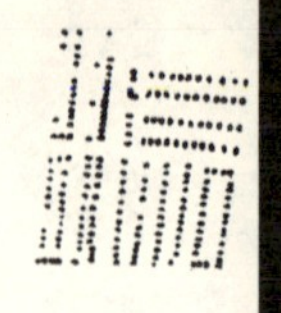

平面 5、6 和 7：

村庄链

在建筑物的层面上，秩序不仅仅限定在大学校园内。不同类型的结构按照严格的城市逻辑组织起来。礼拜街串联了不同密度肌理的格网区域，中间穿插一些不规则肌理或建筑物客体，如体育场。第一幅图绘表现沿礼拜（Chapel Street）街的类型序列；第二幅图绘表现规则格网；第三幅表现不规则要素的韵律序列。

平面 8：

密度消解

联立建筑所形成的连续，不渗透性街道界面，与分散的客体建筑物所形成的不连续、渗透性街道界面的对立增强了中心格网与周围肌理的对立性。

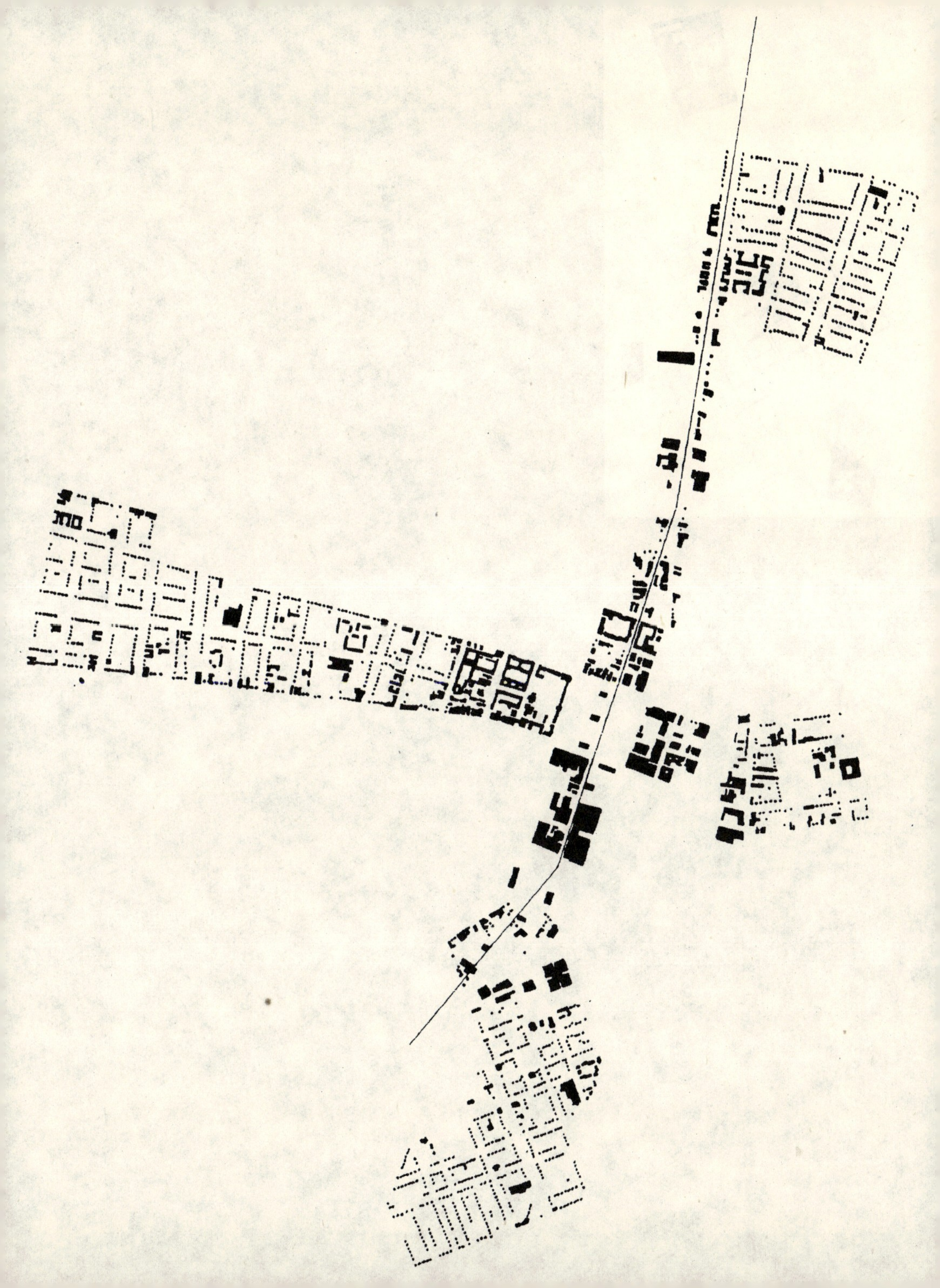

平面 9：

克隆

这幅图描述了方形核心的形式秩序与周边肌理的放射同心结构所形成的张力效果。图绘表明纽黑文的识别性在于城市形式结构的组合，通过克隆核心区的形式，并像卫星一样围绕核心区所形成的格网家族。在围绕中心格网，复制中心绿地的周边放射同心区域中可以找到四个潜在方形区的踪迹。

平面 10：

虚构的 1 英里格网

纽黑文从未出现过 1 英里格网。然而，将 1 英里格网移置并叠加在城市之上，有助于我们阅读放射同心结构所隐藏的多样的城市状况。

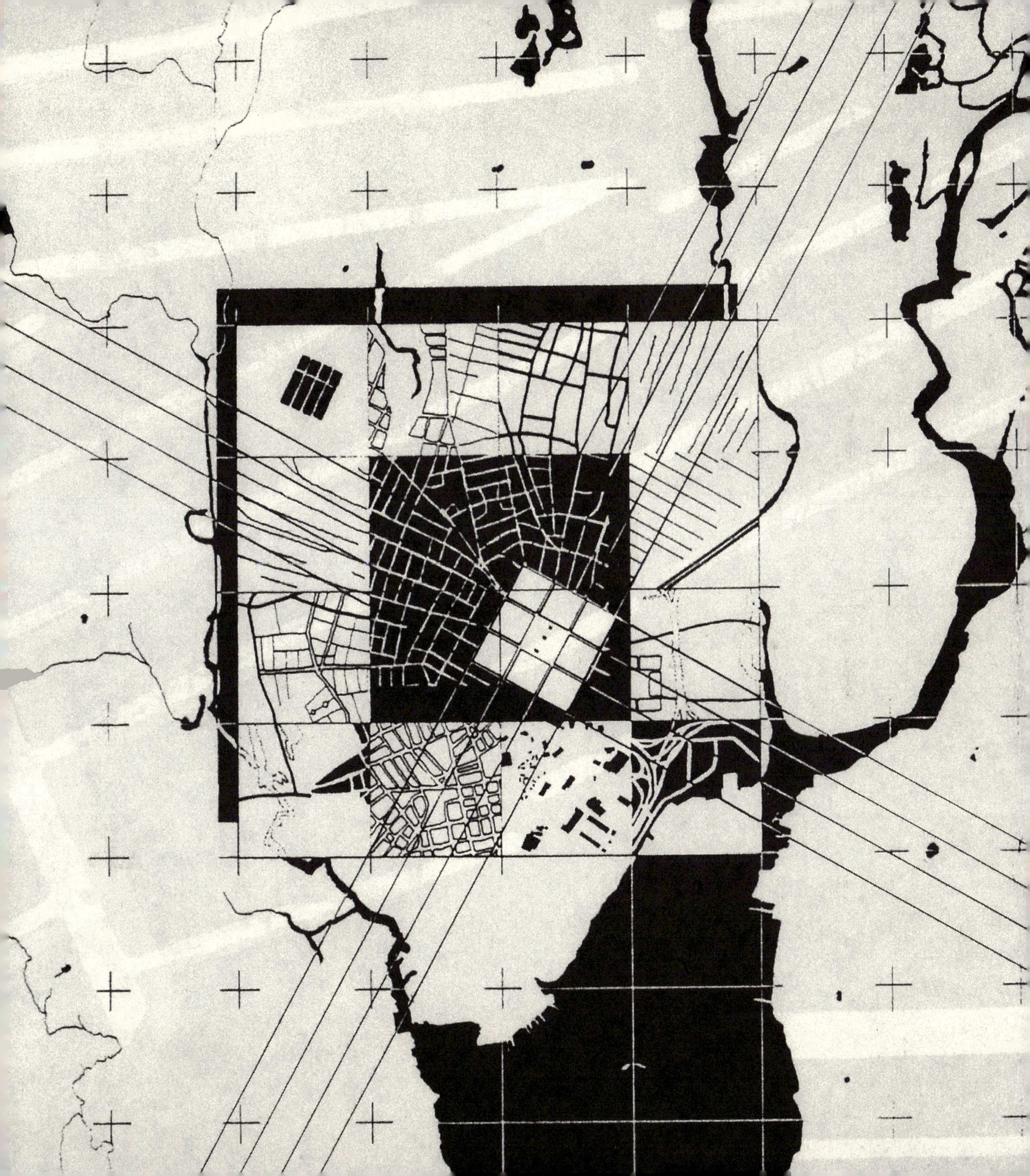

芝加哥

芝加哥中性的几何格网和有序的交叉点显示了运动的连续，而运动中止处的平面 “特例” 产生了变化的韵律和中断。

墨迹图

一系列的墨迹图研究了导致 1 英里格网中断的两种情形：多重对角线在城市平面上的交叉和地形的变化。

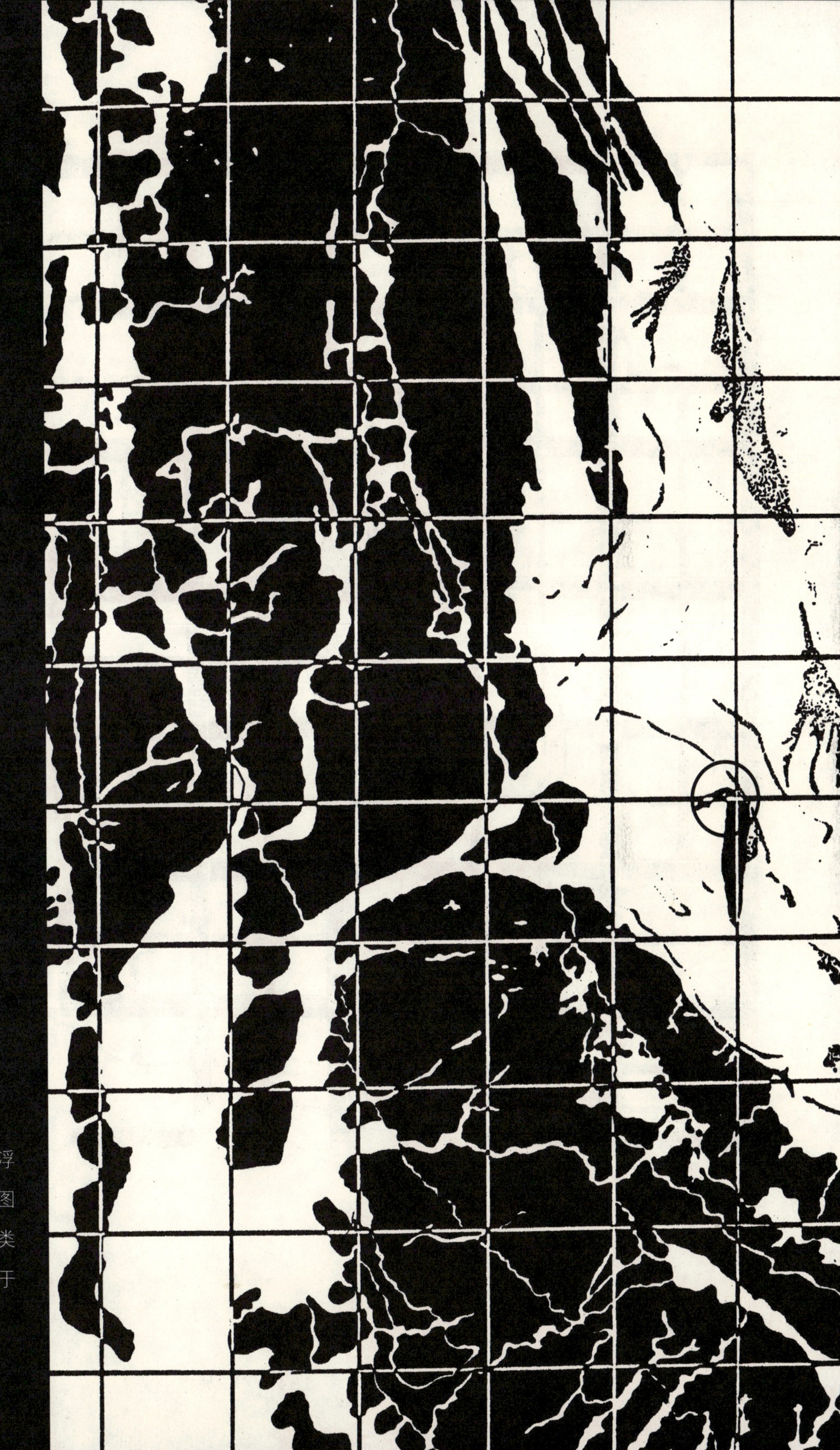

地形断折

平面 1：

芝加哥地形变化图显示了一个漂浮在密歇根湖畔的平坦场地上的“鲸鱼”图形。这个图形吸引着我们的注意力。它类似于在《明室》一书中，罗兰·巴特关于摄影的文章里所描绘的“色斑”。

平面 2：

放大观察显示了 1 英里格网在接近鲸鱼图形时的断裂和变形。

平面 3：

从等高线的曲折、复杂的结构和其对1英里格网的有限影响的对比中，可以看到后者作为秩序装置的力量。

平面 4：

对 30 英尺落差的抽象的、虚构的表现，戏剧化展示了地理因素与1英里格网的对立。

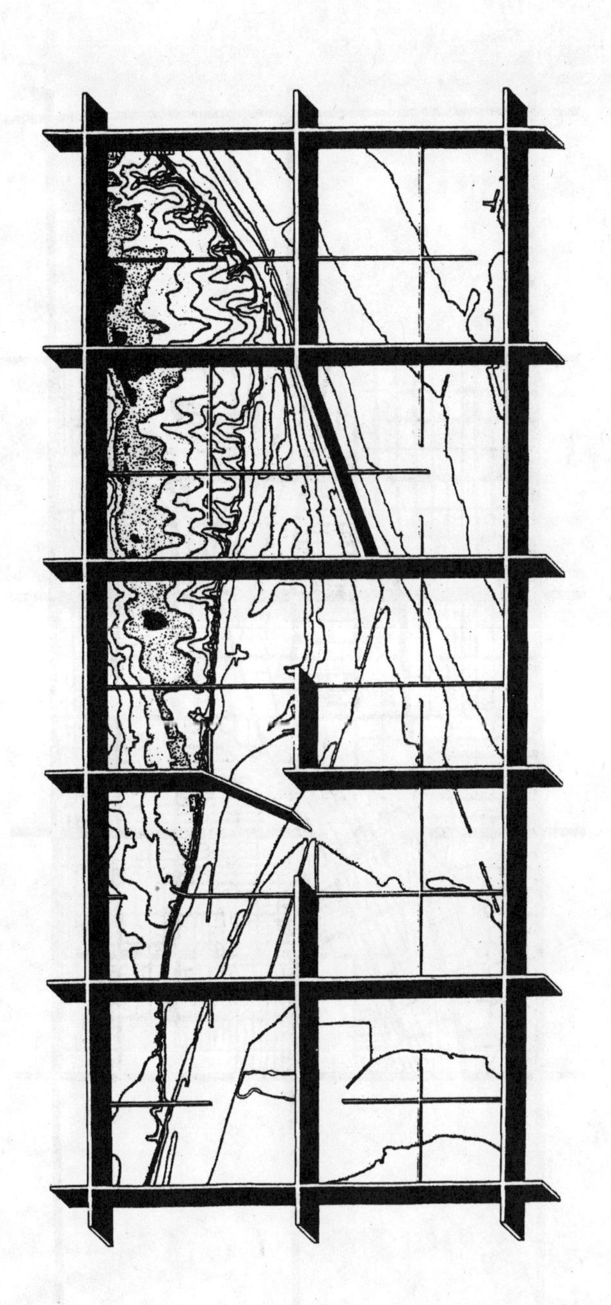

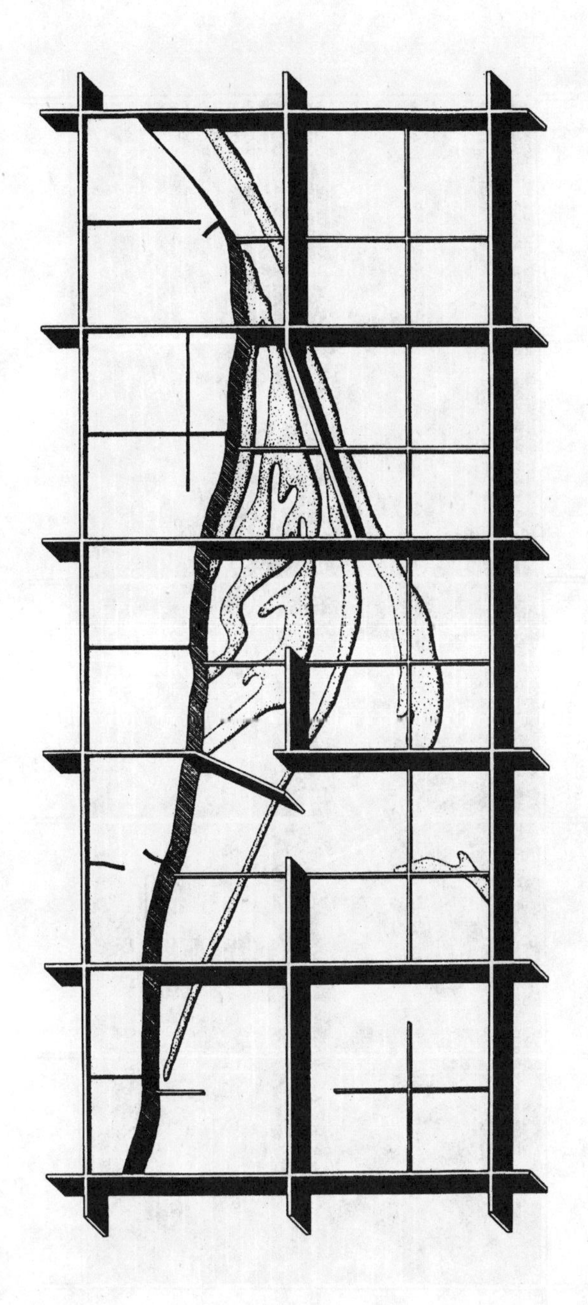

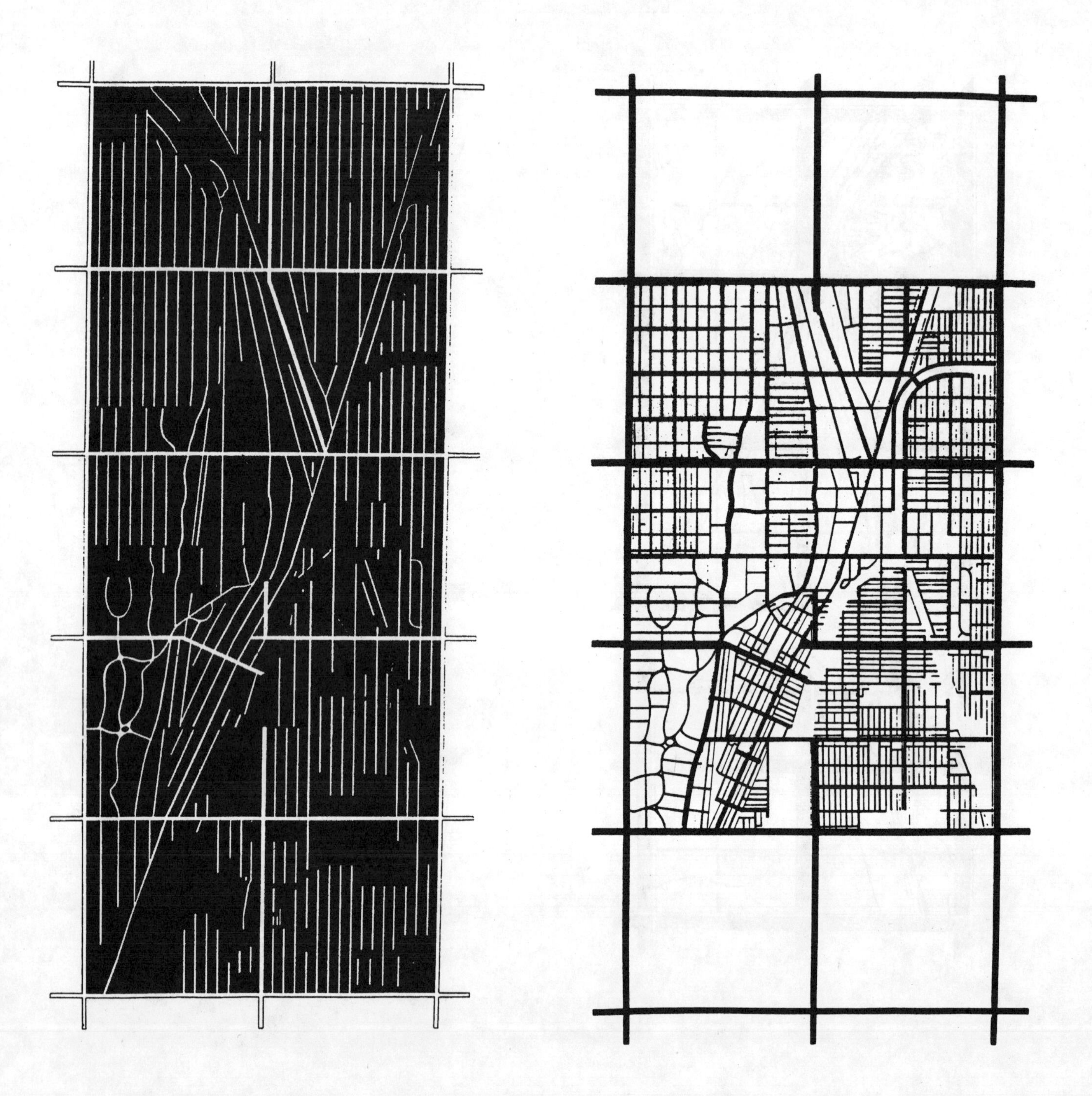

平面5：

南北向街道的局部图绘显示了东西方向的断折，将地形的不规则性转译至街道逻辑结构中。

平面6：

街道的完整图绘，显示了在地方层面上，重建连续性的各种努力所形成的复杂结构。

平面7：

将这个区域断裂为三个部分，有助于我们描绘组织这个区域的三个不同结构：格网、一组交汇至一个无形中心的街道、以及过渡性有机形态。

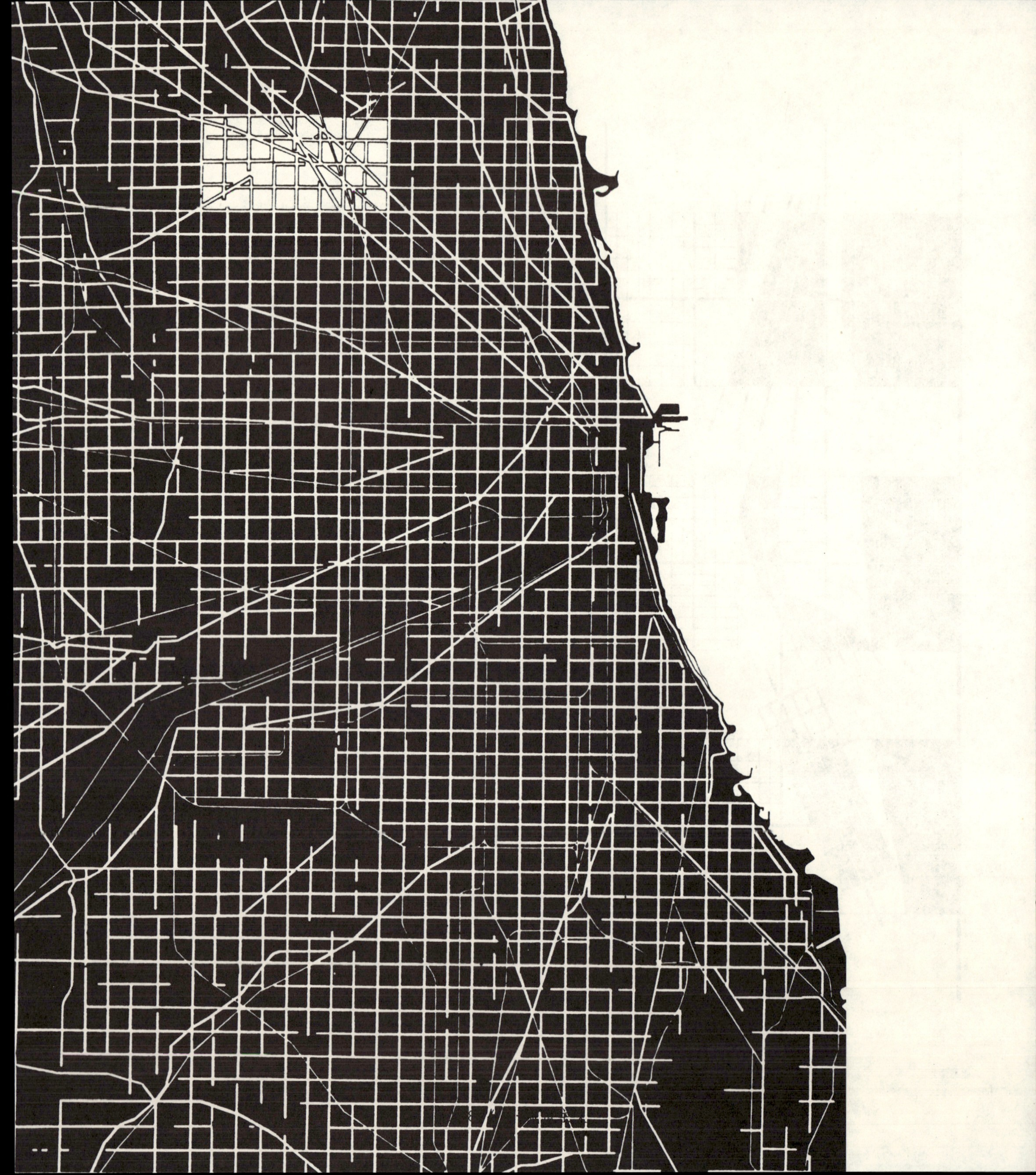

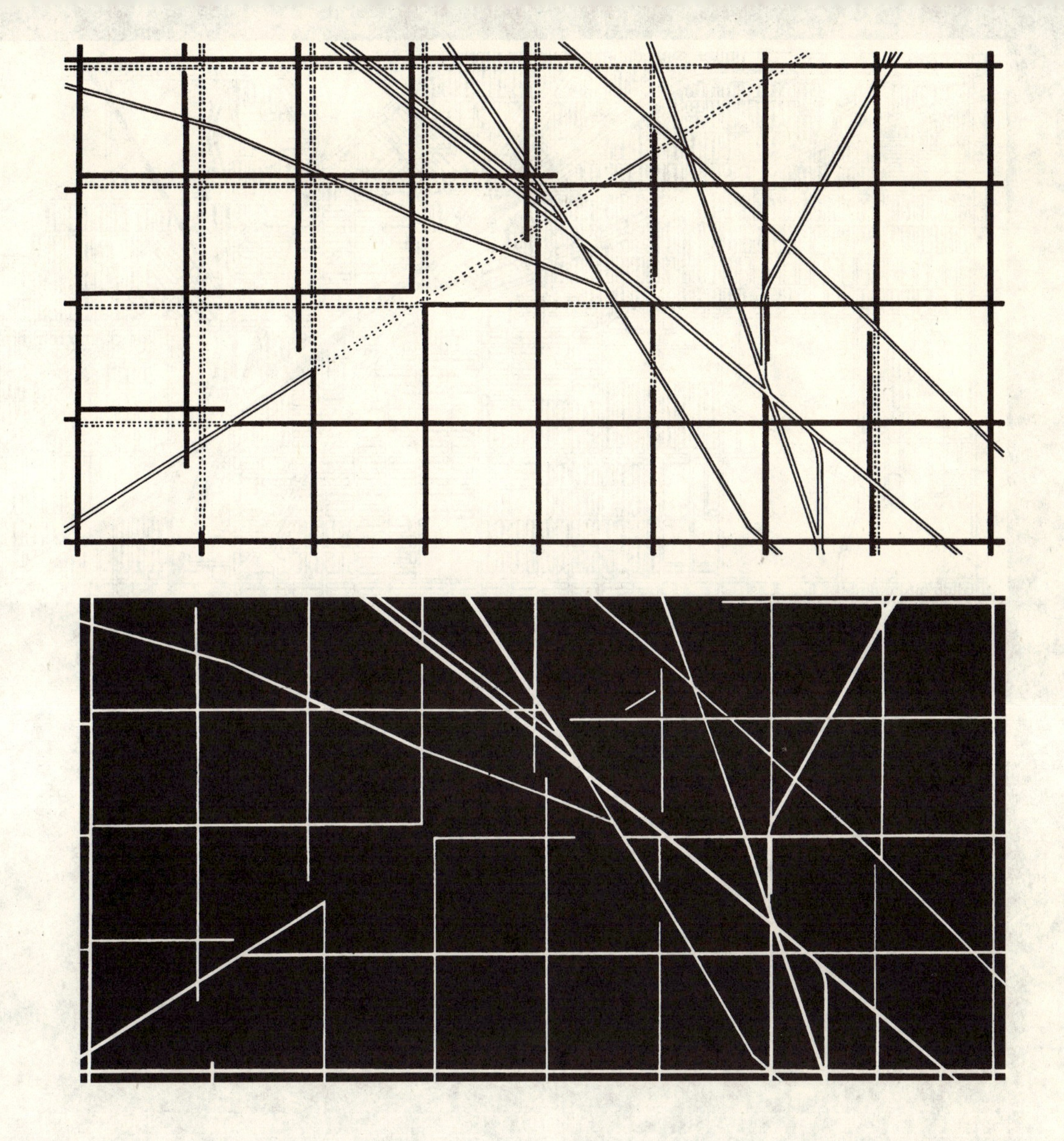

平面8：

所选区域是1英里格网中一个宽4英里、长8英里的片区。研究的焦点是几条对角线街道叠加的区域影响：1英里格网的对角线错位。

平面9：

图绘表现了一条主要对角线的断裂和1英里格网的位移，以及一些细微的断裂和位移。

平面10：

对于连续的理想格网的图绘，有助于更精确地阅读对角线对于1英里格网的不同影响：从零影响到显著的变动。

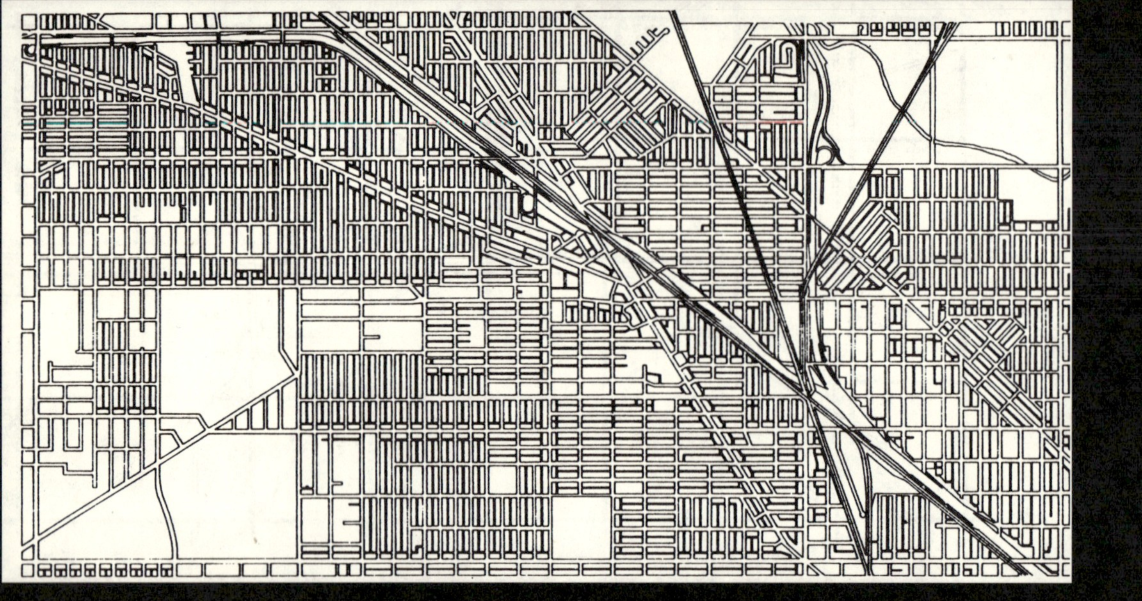

对角线错位

平面 11：

更现实的图绘解释了形成不同影响的原因：最主要的因素是铁路对格网的切割。

平面 12 和 13：

这些图绘表明对角线的影响也出现在地方性街道和服务性巷道的层面上，即城市肌理的层面上。

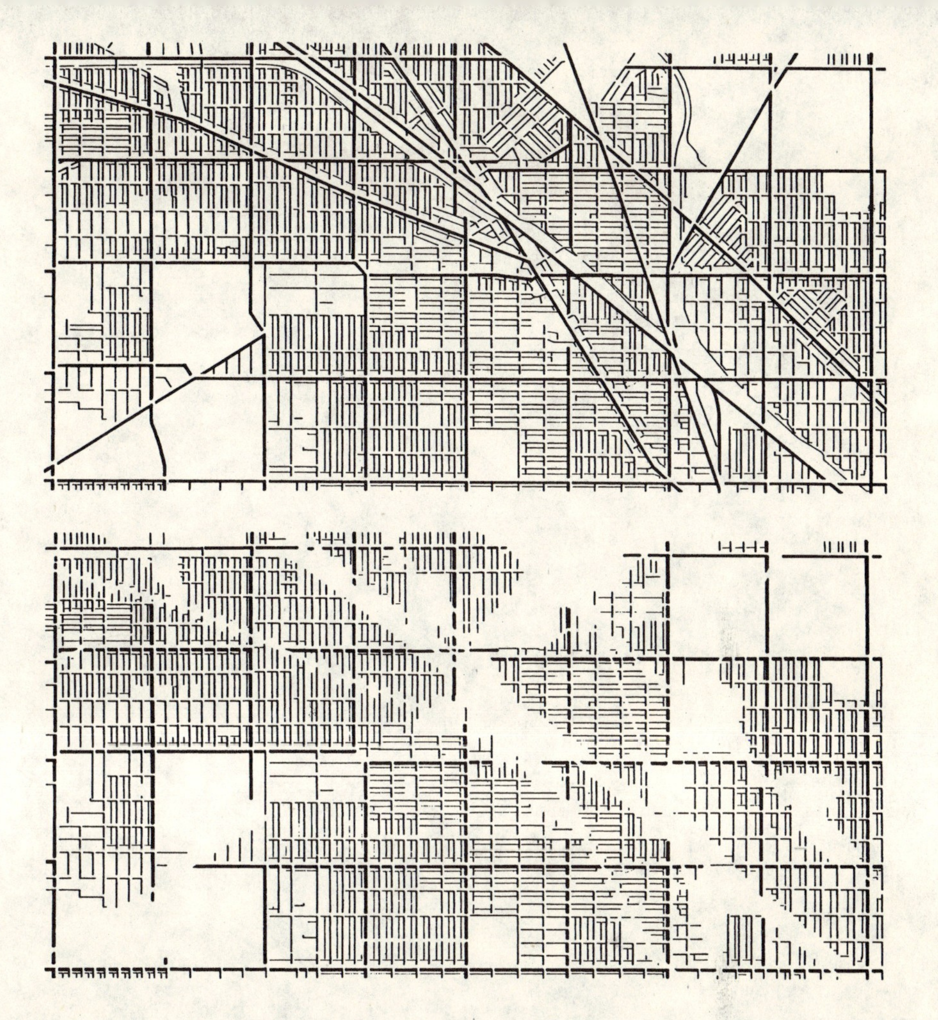

平面 14：

对地区的一般性影响表现为肌理方向的改变。对于本应中性的棋盘形街道格网的研究揭示了一个双重街道结构的存在，一个有方向性的服务巷道结构被隐藏其中。服务巷道将方形城市街区分成了长方形的半街区，有时沿南北向轴线（与密歇根湖岸线相平行）分布，有时沿东西向轴线（与密歇根湖岸线相垂直）分布。服务性巷道对街区的切分在巷道方向变化点上，产生了对边界的阅读，因而形成了肌理断折的感觉。

平面 15：

对于对角线附近城市肌理的更细节的研究，显示了街区的变形和永远存在于1英里方格边界内的对角线格网在某些情况下的浮现。

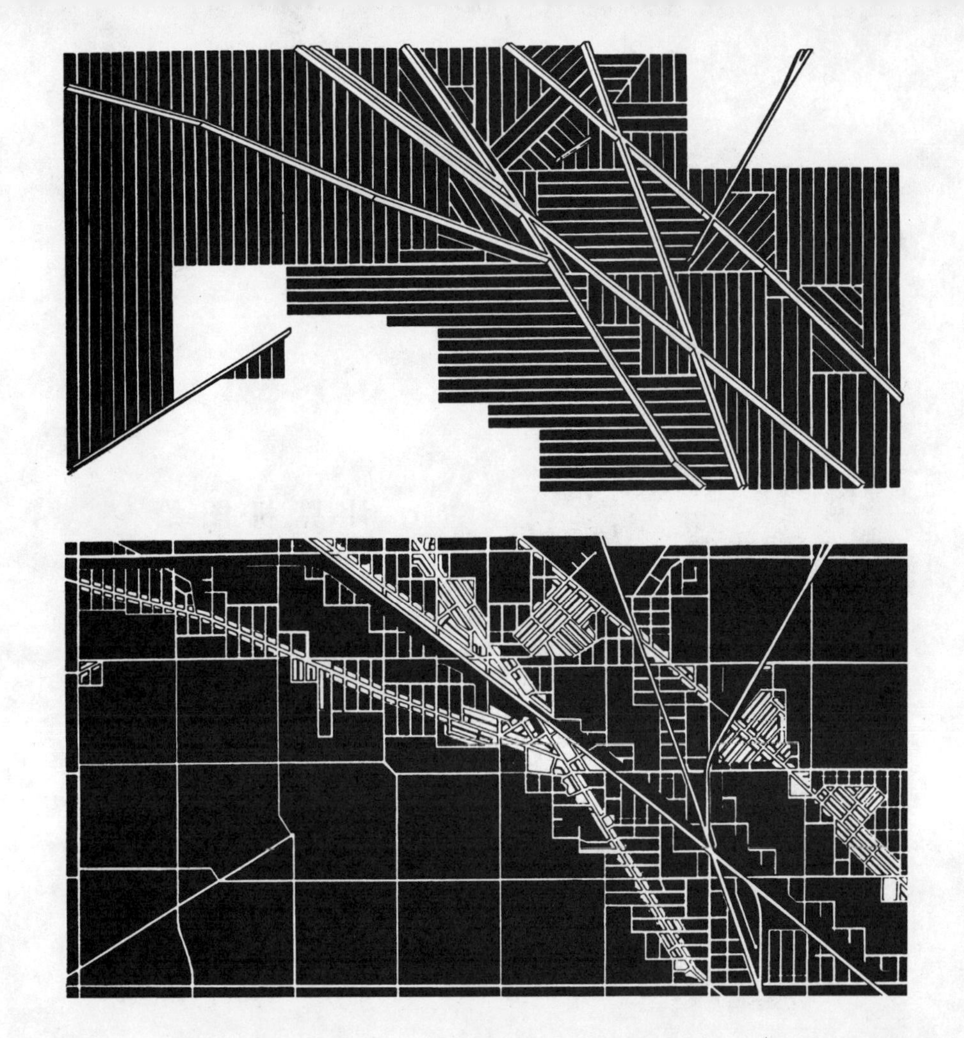

计 算 机 图 绘

平面1 – 4：

基本要素

这四幅图描绘了计算机研究芝加哥平面所使用的基本素材，街道格局、芝加哥河、1英里格网和这三个层的合成图。

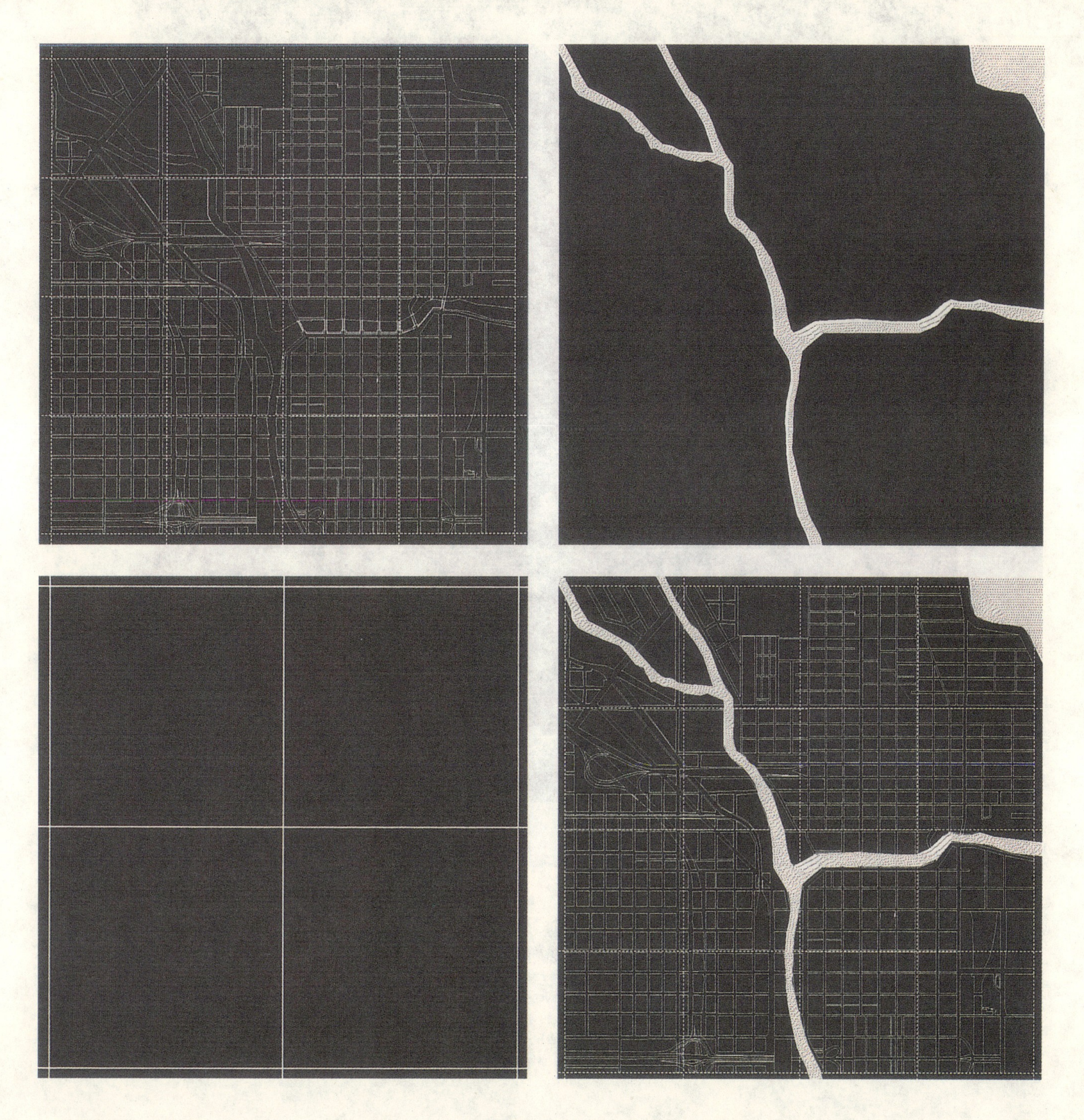

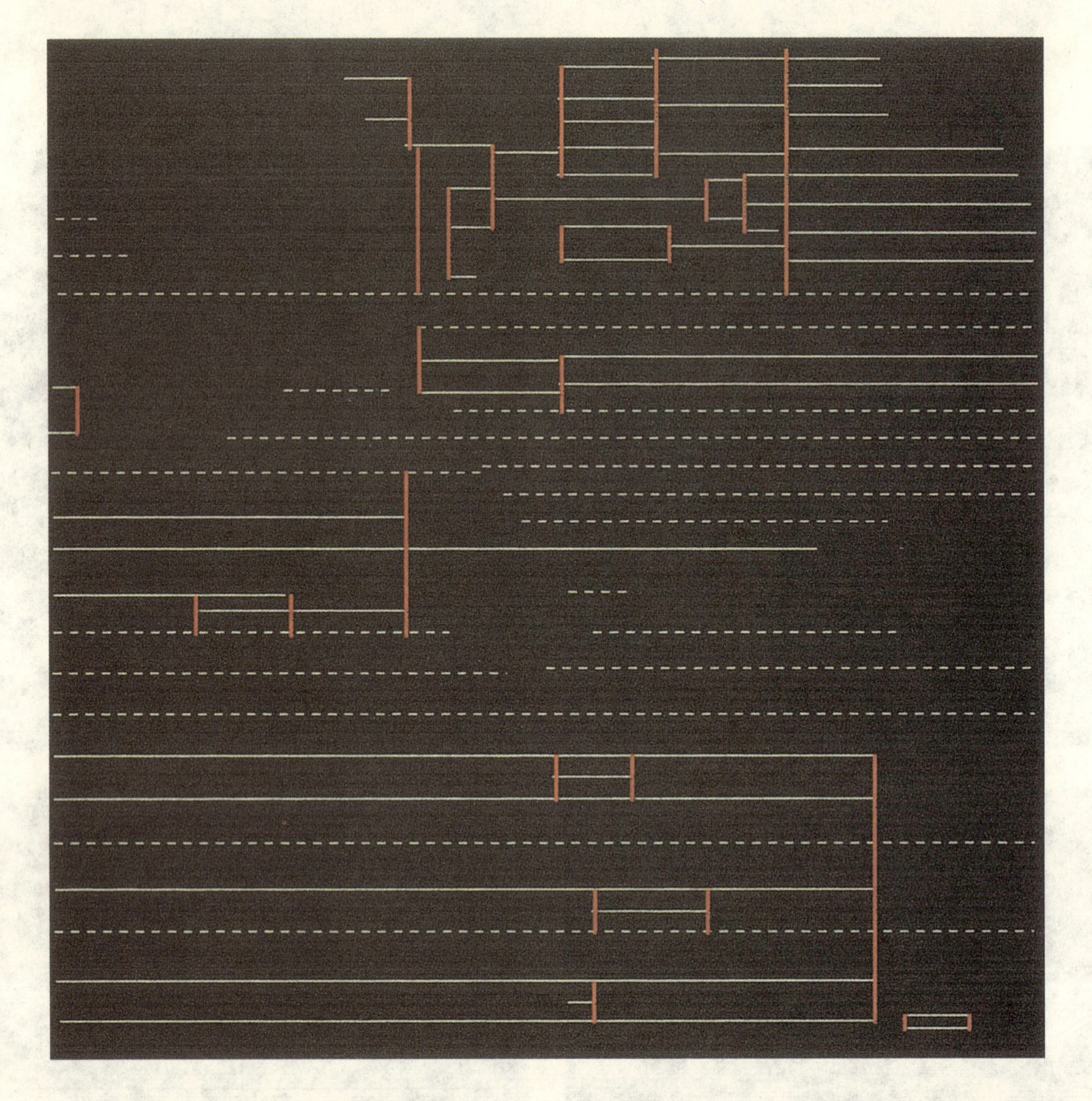

平面5－8：

无形的墙

这组图绘表现了现实平面中不能感知到的要素："无形"的墙。描绘水平和垂直街道的层显示了芝加哥河在断裂和不连续中的"影子"。尽管如此，也有许多断裂与河流没有关系。街道的中断产生的尽端路，暗示了使平面破碎的无形的墙，形成与北部公共住房工程相一致的地区，或将白人从南部黑人芝加哥中分离出来的地区。

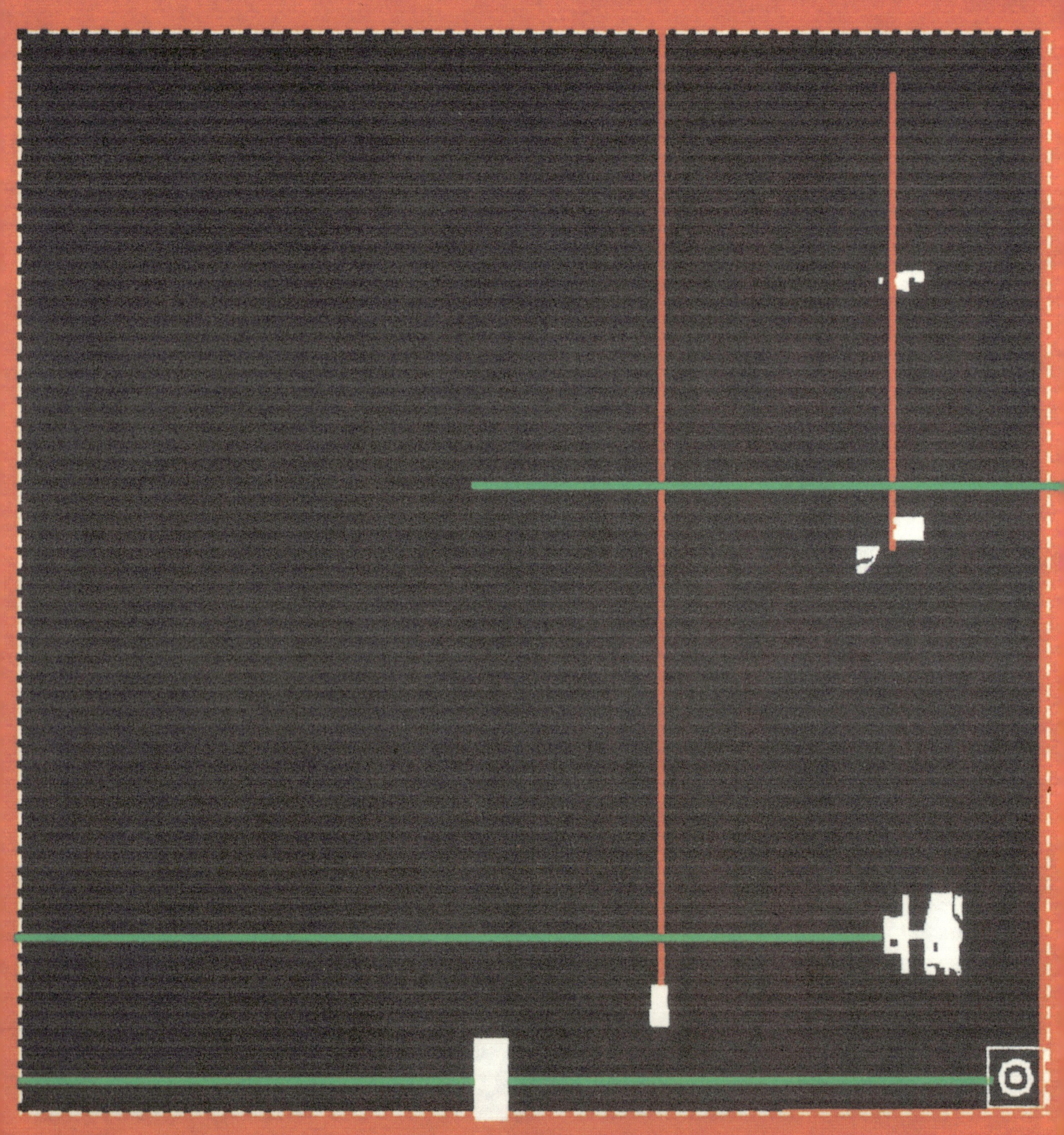

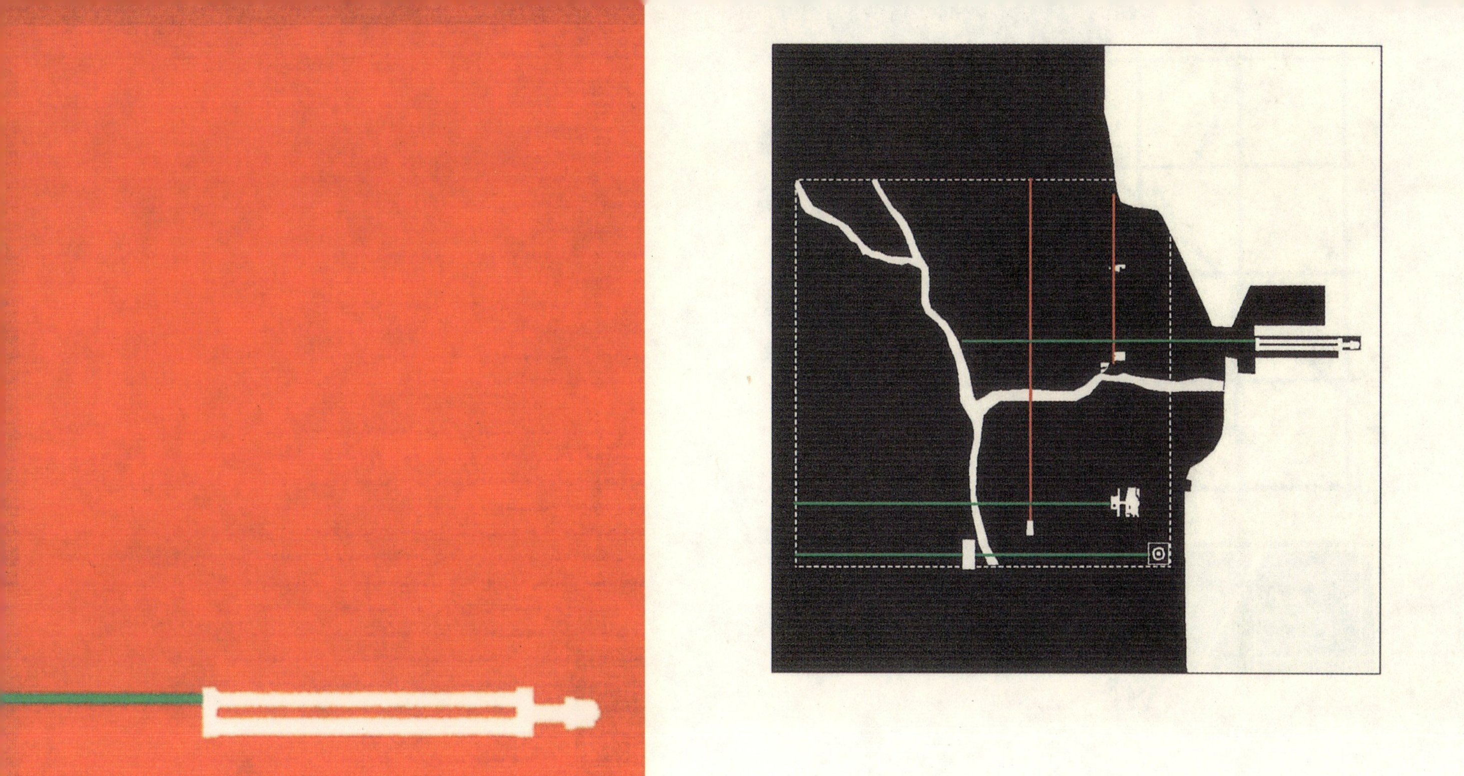

平面9－16：

卢普区（Loop）阅读

这是惟一一组包括建筑物，更具体地说，包括建筑物平面的图绘系列。卢普区表现为南部被一个奇特的格网所渗透的方格网结构。图绘表达了中性格网的静止性特征，不同于方向性格网的动态性特征。图绘提出关于区域内的建筑物的第二个问题是：他们仅仅是"肌理"或仅仅是建筑物客体，或既是肌理又是客体？怎样显示挤压的格网或纪念建筑这两种状态的差异？肌理或建筑物客体似乎是这两种不同活动的结果：虽然肌理似乎呼应了格网所固有的挤压力量，但建筑物客体似乎坐落于格网之上。线和多边形的组合描绘了逃脱格网和其挤压，即肌理的元素。多边形代表了脱离肌理（或整体城市街区的挤压）的建筑物客体，否定了肌理与建筑客体的对立。线代表了无数的不属于格网的巷道。他们离开了理想模型的最完美的规则性。在这个图绘系列阅读中，建筑物似乎属于了两个不同结构，即肌理或场中客体。这意味着卢普（也许是美国城市）是叠加在城市肌理上的建筑物客体的场，或叠加在19世纪城市之上的21世纪城市。

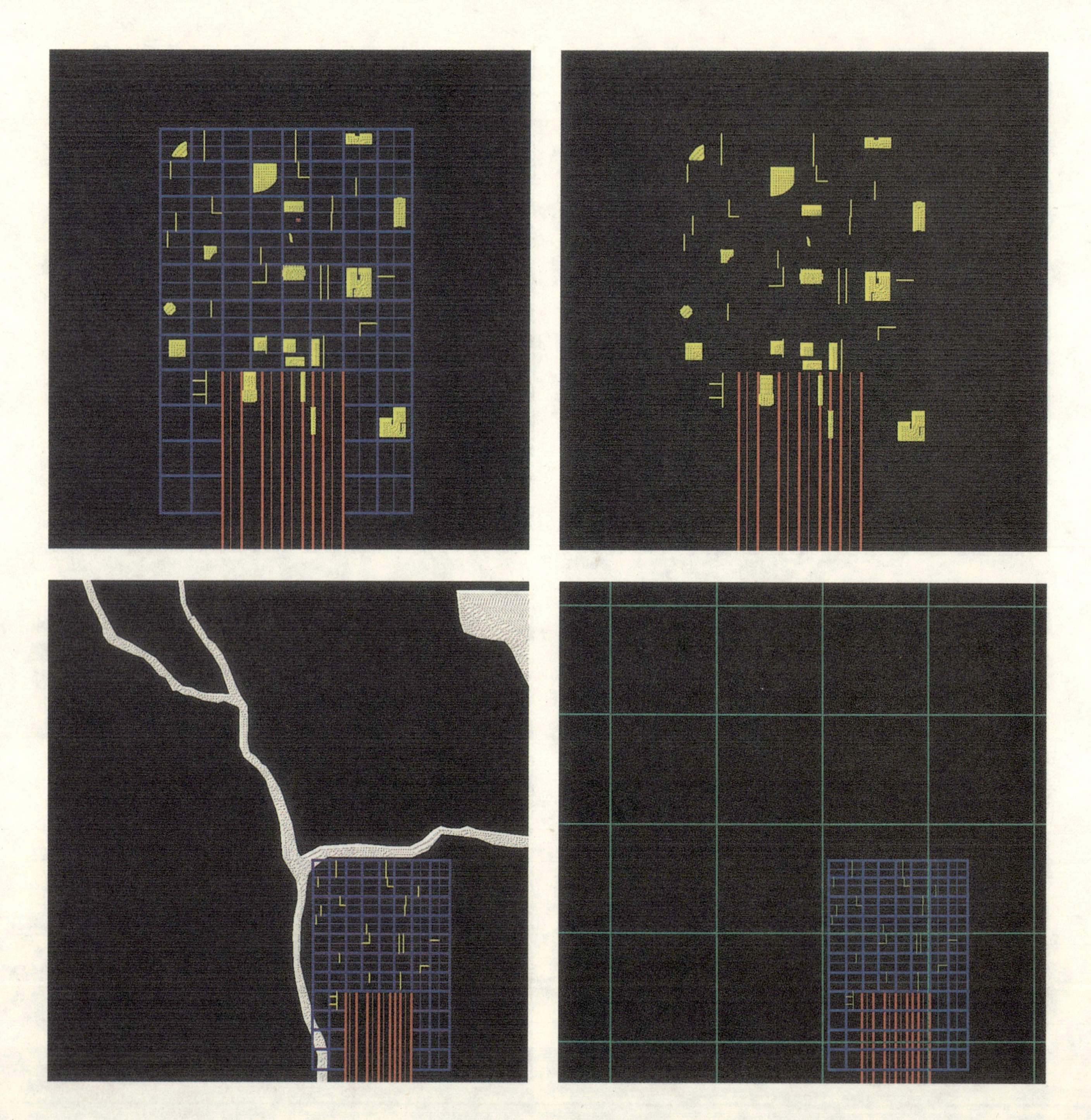

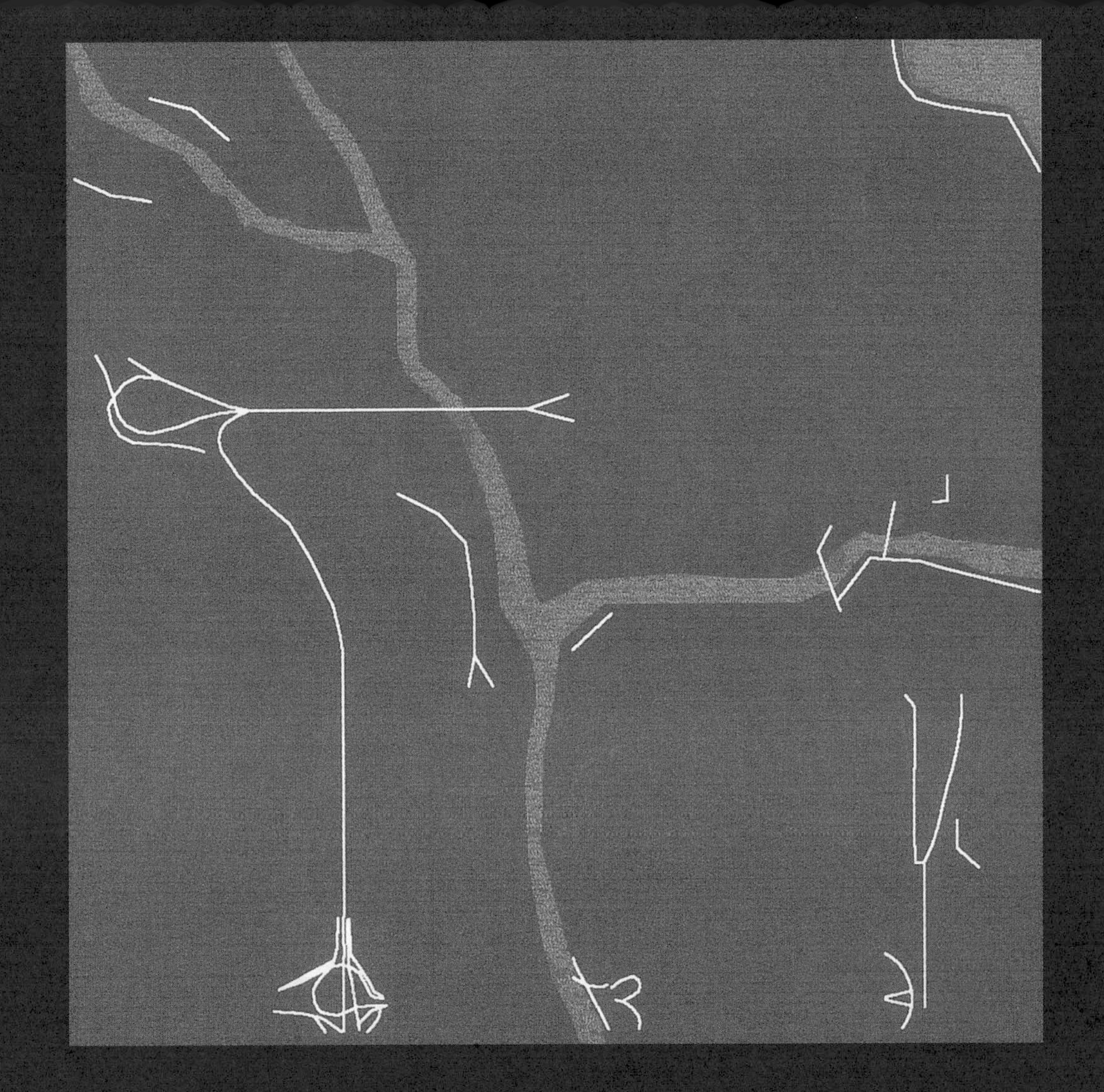

平面 17：

剩余

当我们去除所有的产生不同叙述的层，剩余的是对抗叙述的线。这些线代表了什么呢？快速路的出口，建筑普遍缺席的地方。

得梅因

城市的重要时点发生在基础格网、1英里格网与不规则性地形形成的矛盾背景下。

平面1－5：

基础格网

得梅因基础格网平面的建立遵循了垂直于得梅因河的轴线。原初的6方格街区向西伸展至浣熊河（Raccoon River），向东升高至议会大厦。

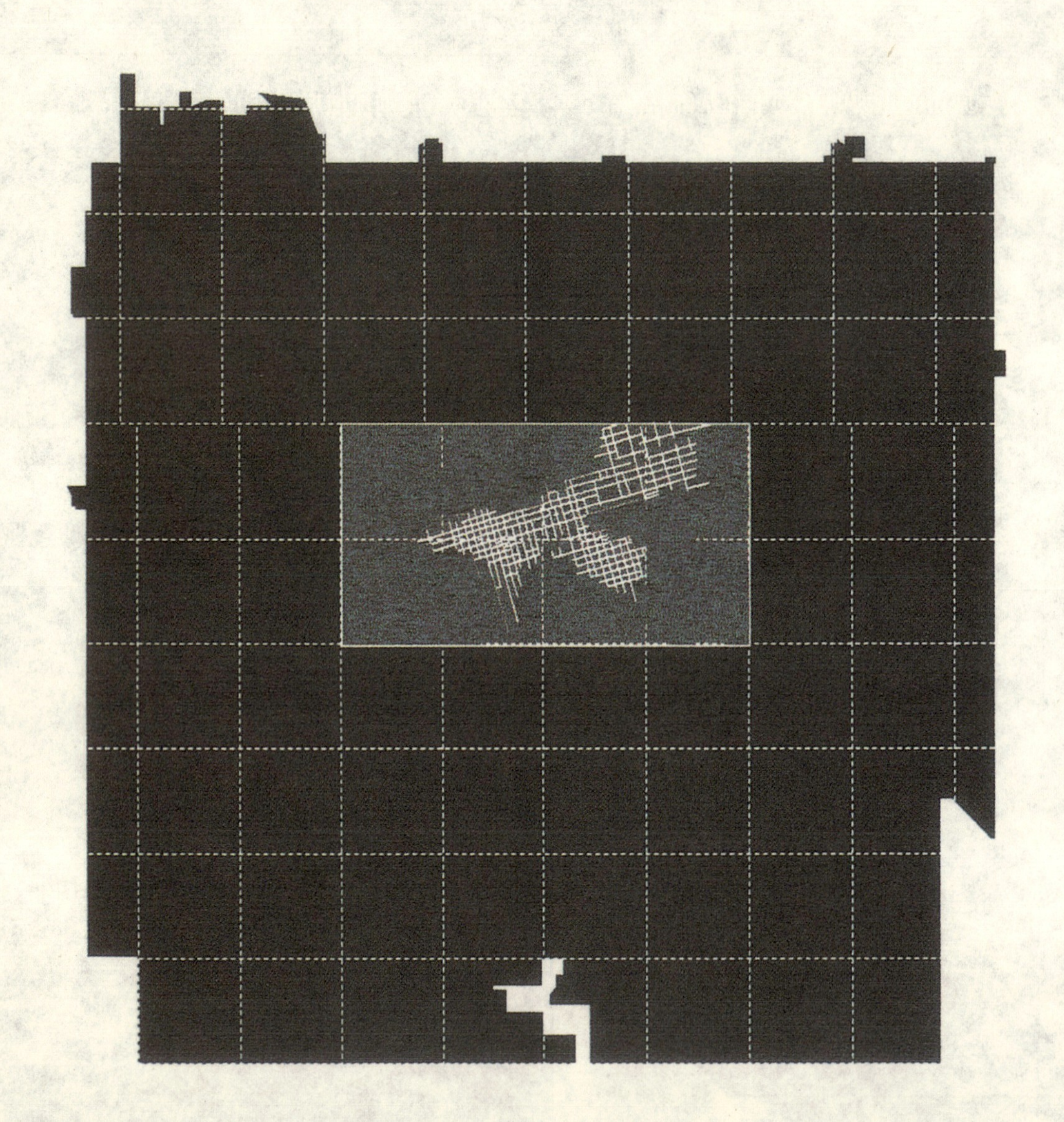

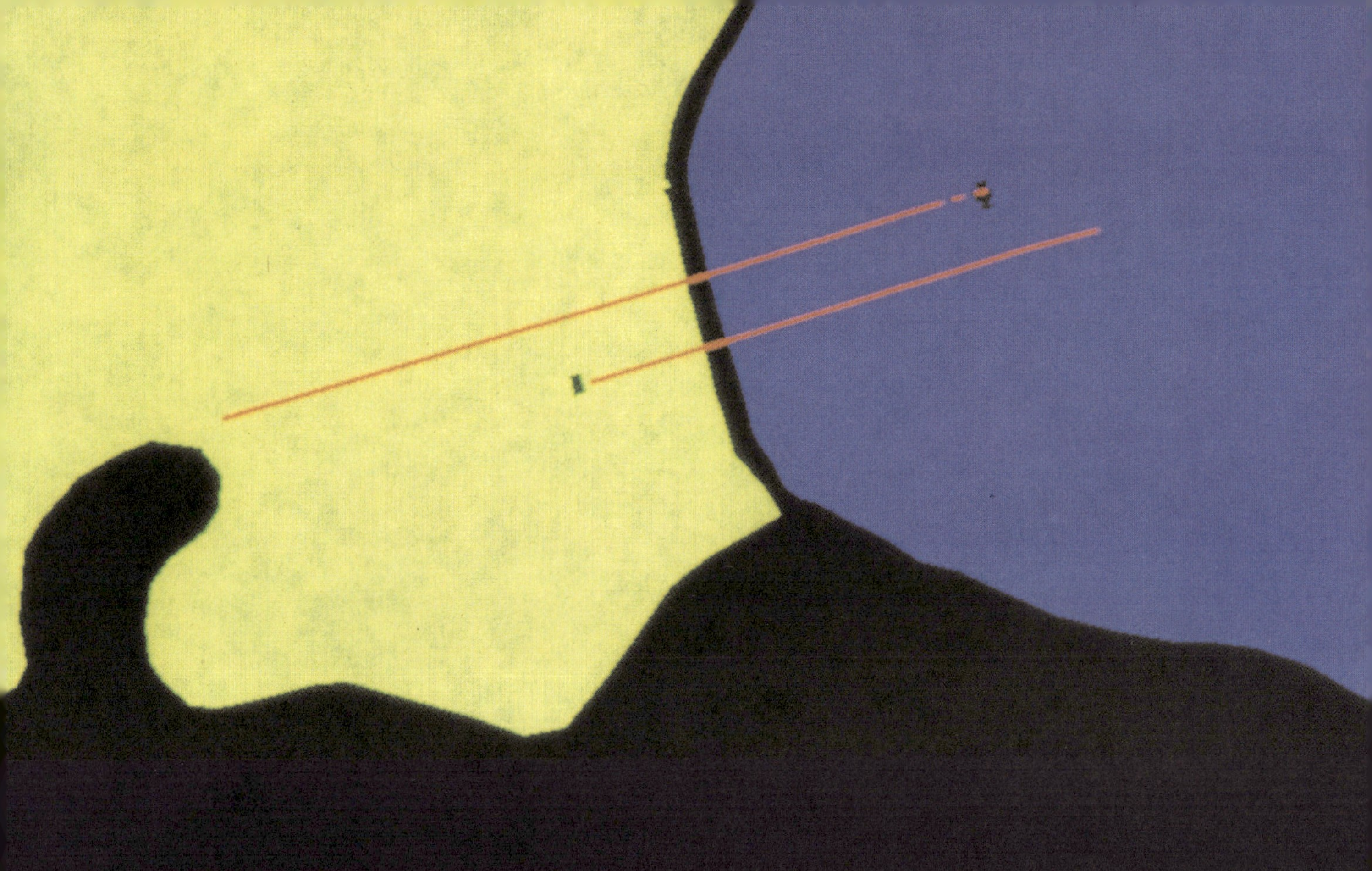

平面6：

双格网

得梅因平面源于原初的基础格网与南北向1英里格网的并置和（或）相互作用。纪念建筑与原初格网街道的关系形成了得梅因平面的一个特有的形式特征：双轴线。格网之间的相互作用形成了另外两个特征：格兰德大道（Grand Avenue）枢纽将这两个格网连接在一起，而楔形区域将格网分开。

平面7：

双轴线

两条街道在两个重要纪念建筑前结束：Locust街终止于城市东侧的议会大厦，Court大道终止于西侧的法院大厦。这两条街道暗示了一个双重运动，增强了老城的线性特征。

平面8：

枢纽大街

格兰德大道是惟一一条展现两个格网之间强烈转换的街道。它也与两条重要街道Dleur Drive 和 Hubell大道交叉于变形点。它也连接着得梅因的三个重要公共场所：西侧格林伍德公园内的得梅因艺术中心、东侧的露天市场和南侧的机场（第四个公共空间将可能位于Hubbel大道）。这些变形点在方向上，代表着进入城市的潜在门户。

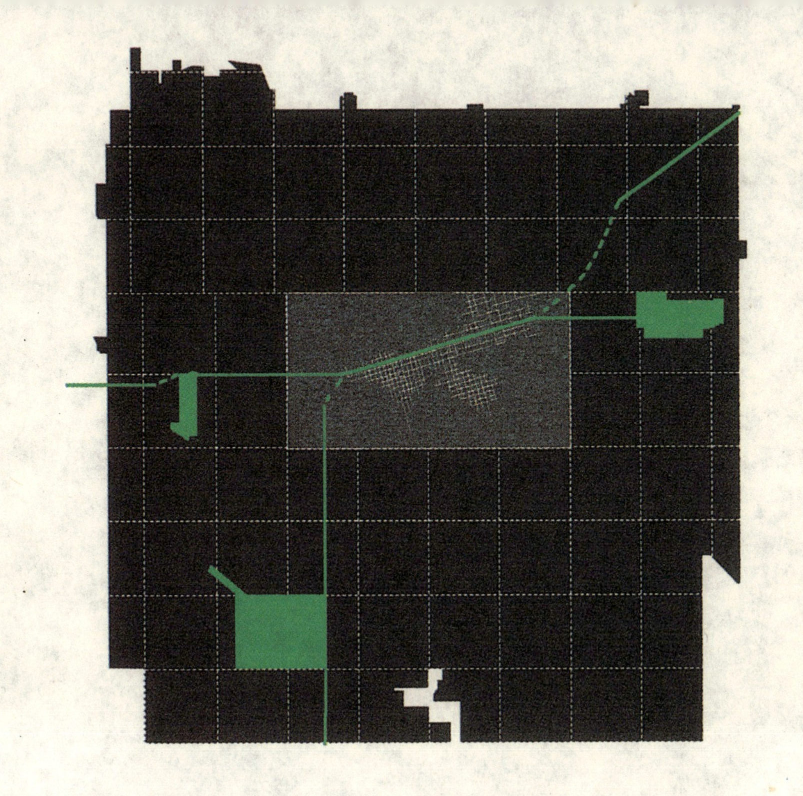

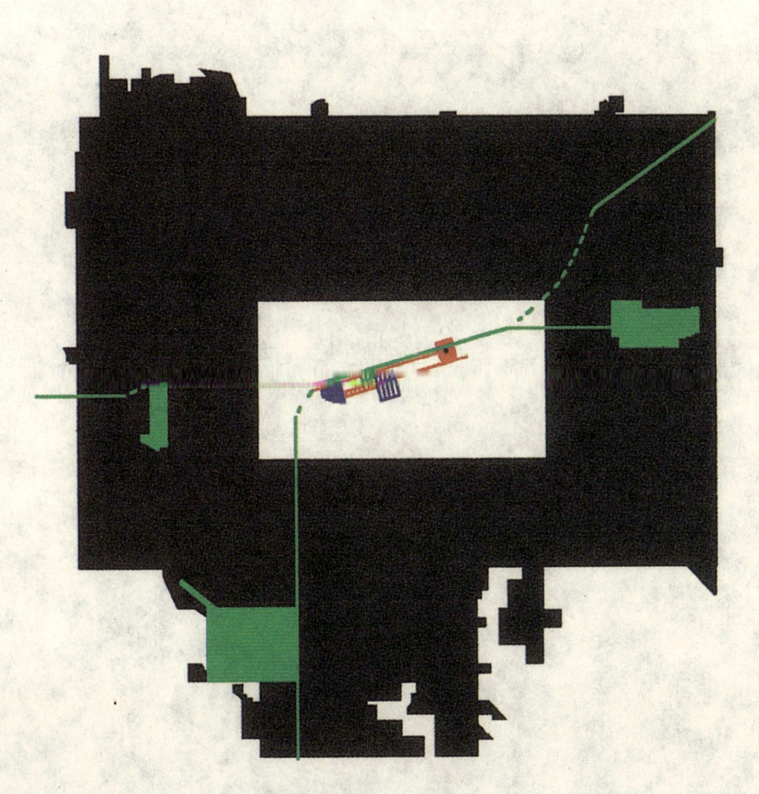

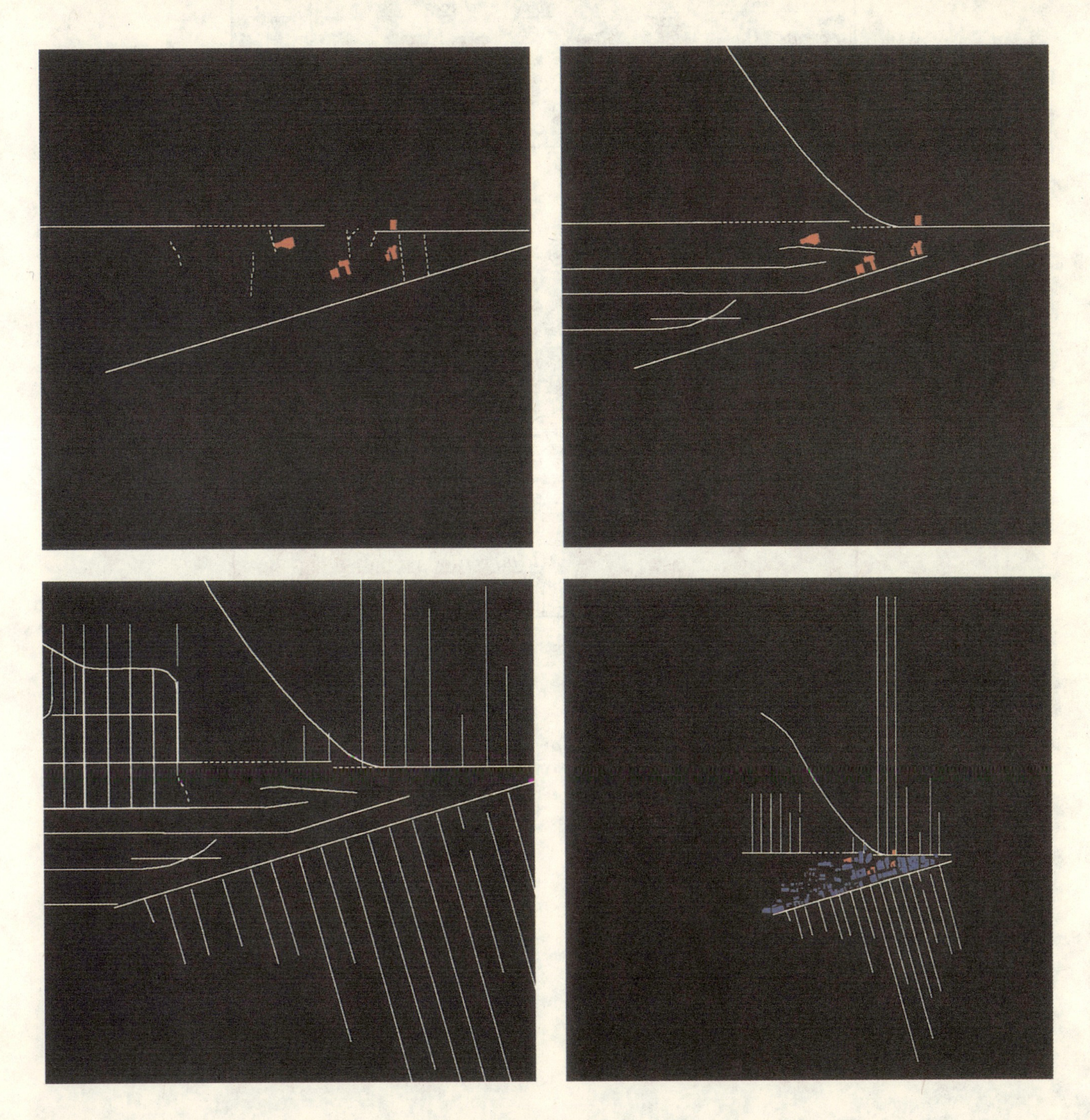

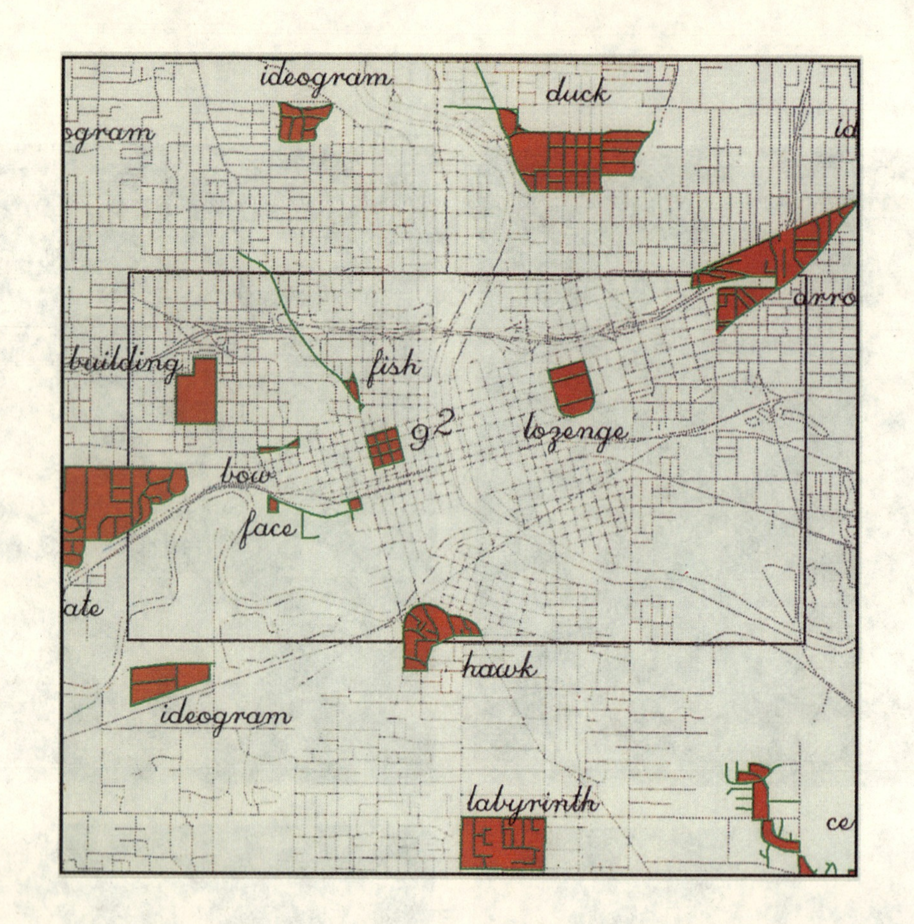

平面 14 — 24：

地形星群

地形导致的格网变形可以通过图形象征意义进行解读，为平面增添了一个虚拟维度。

shell
ideogram
ideogram
ideogram
duck
bow
ideogram
ideogram
grap
ideogram
bug
arrow
building
fish
steer
lozenge
lobster
face
state
cat
hawk
ideogram
labyrinth
centipede
bugs
rose

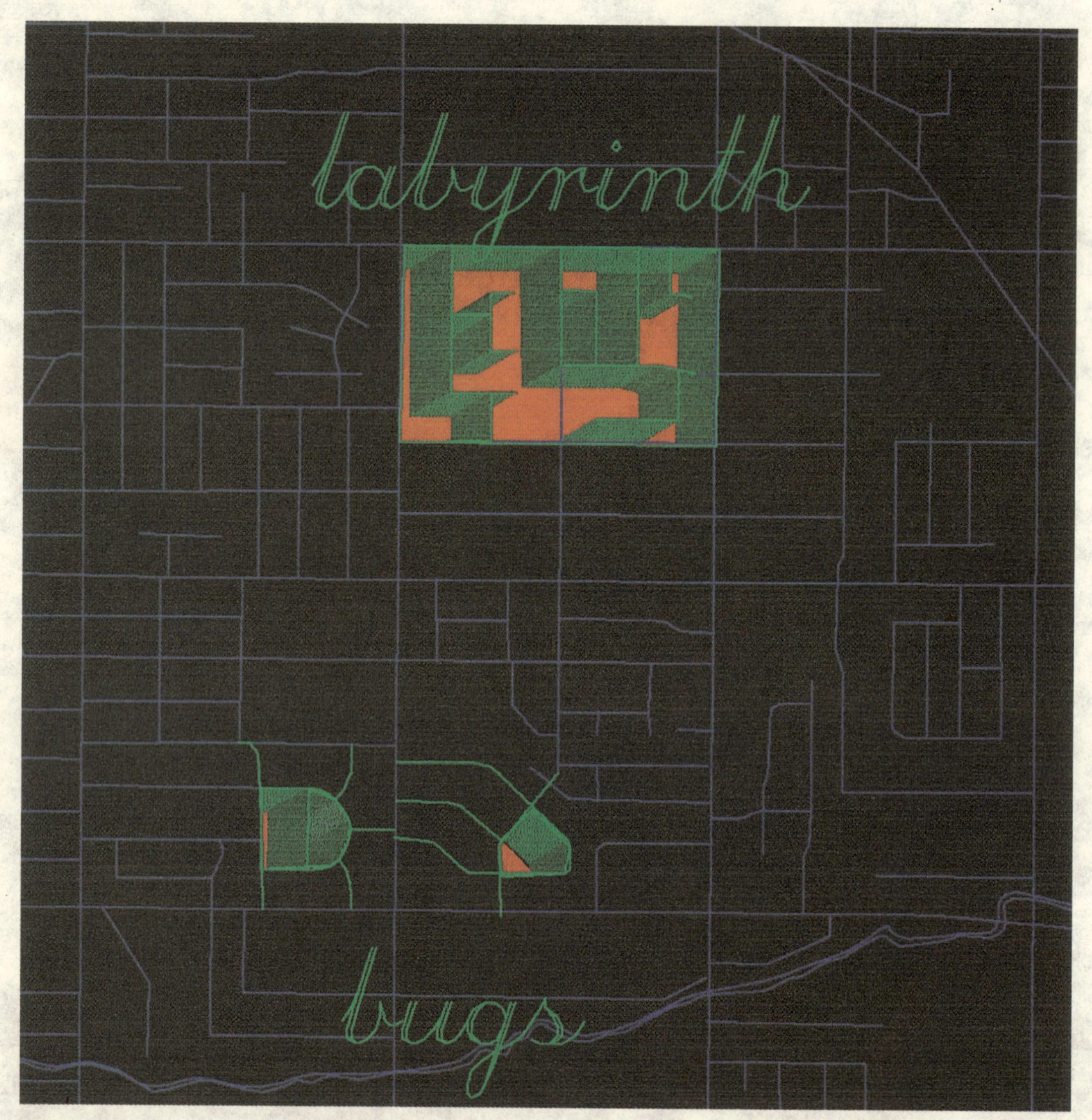

迷宫　臭虫

猫

蜈蚣

鸭子

象形文字

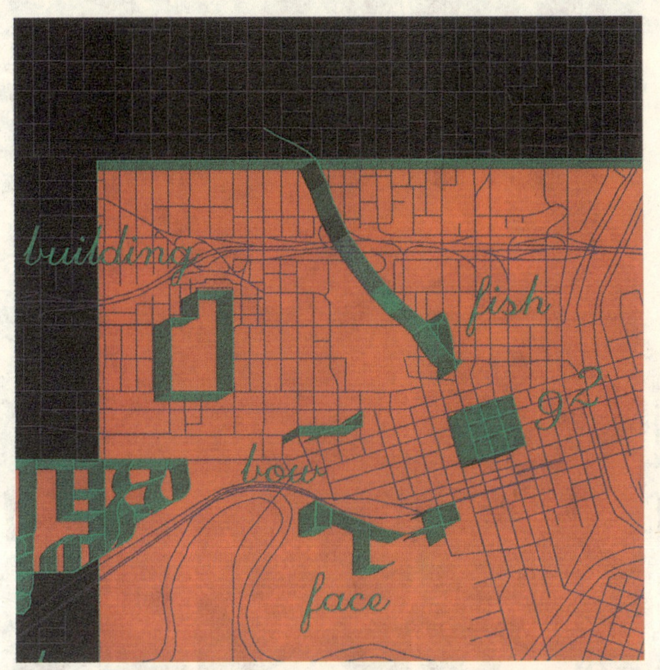

建筑物　鱼　弓　脸

箭

国家

鹰

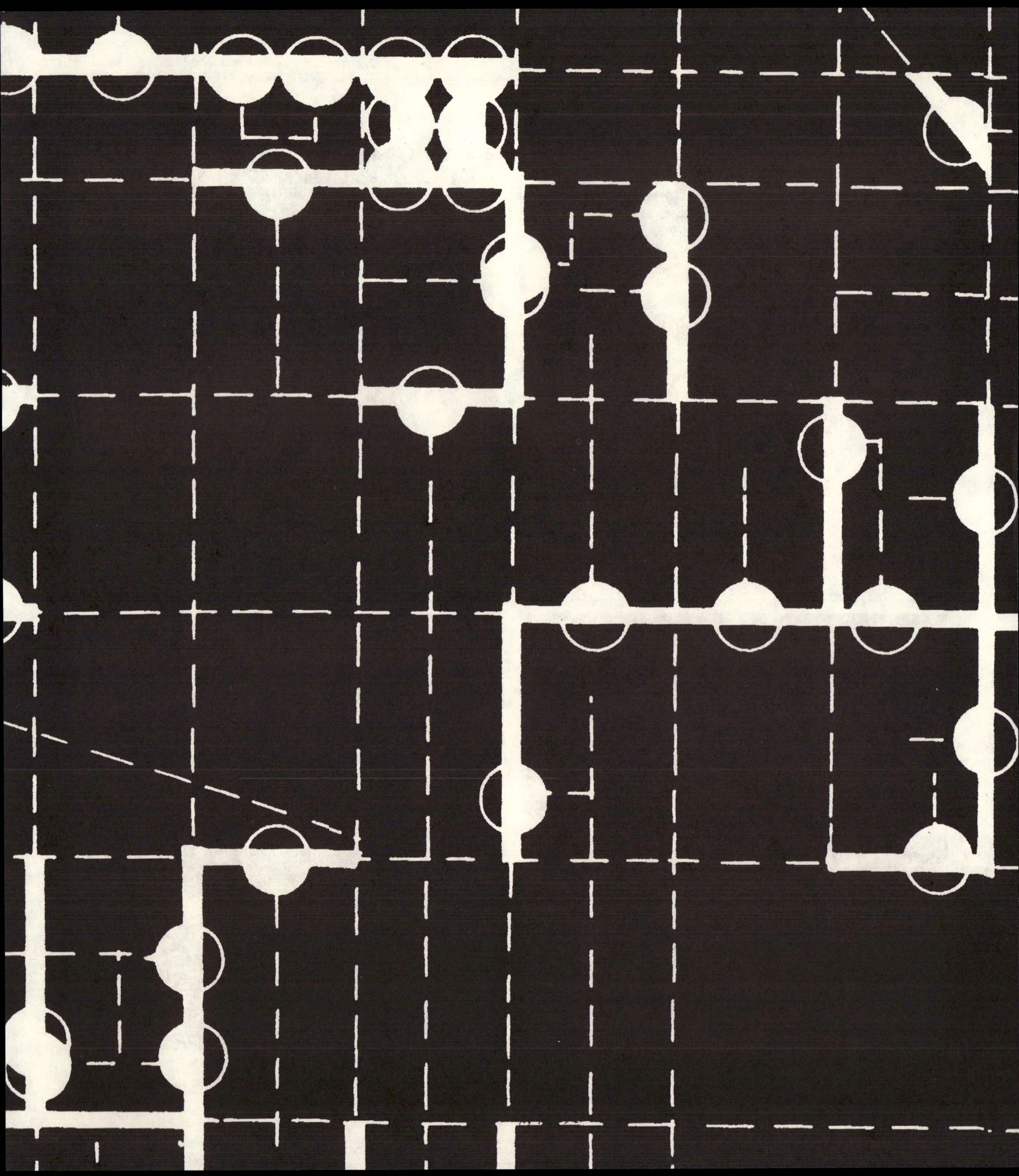

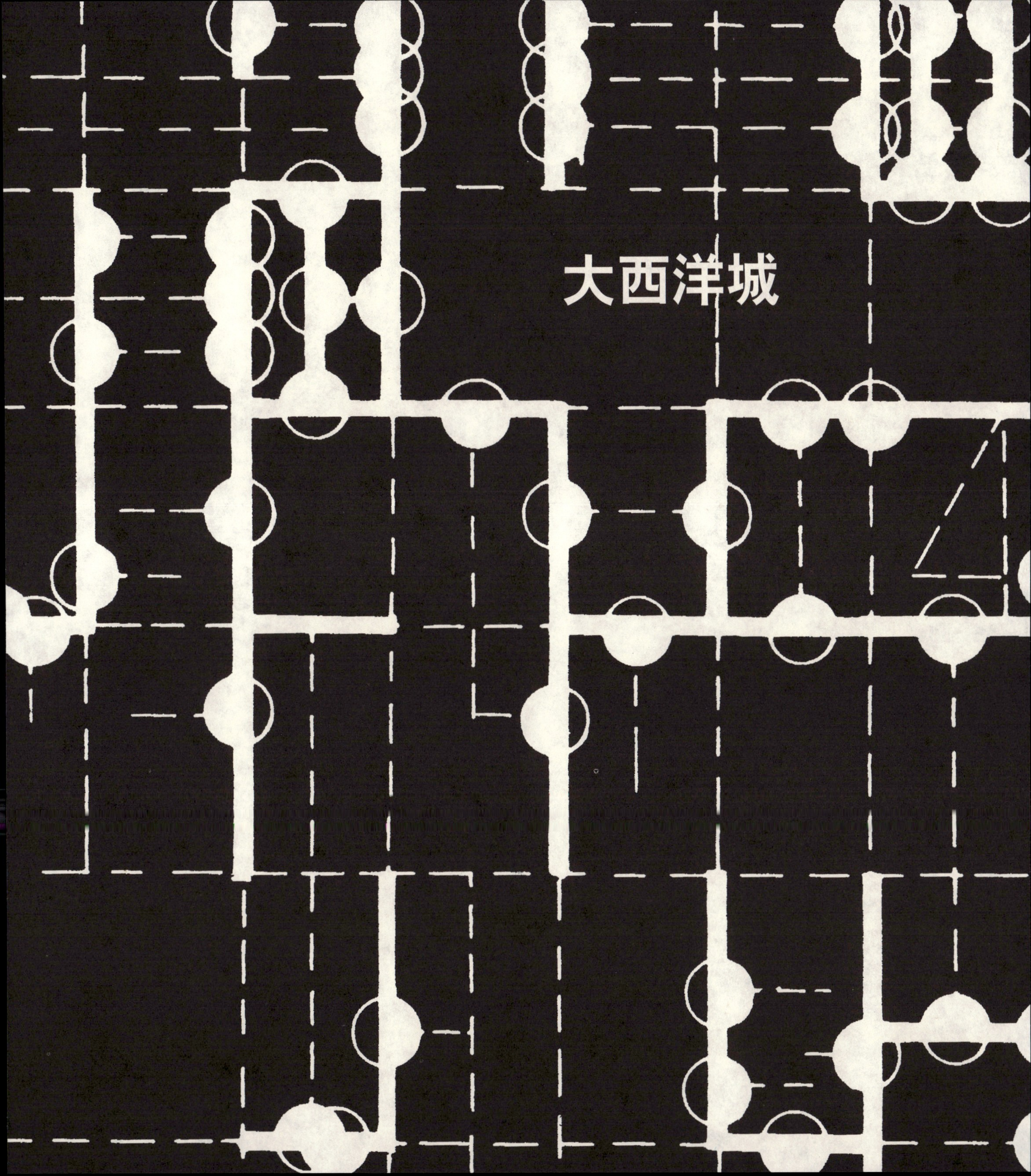
大西洋城

X- 城市侵蚀城市肌理，形成新的虚体和实体群落。

平面 1 - 4：

格网的碎裂

大西洋城早期的历史可以通过格网平面转化的再现，通过描绘街道所界定的街区的碎裂而得到阅读。

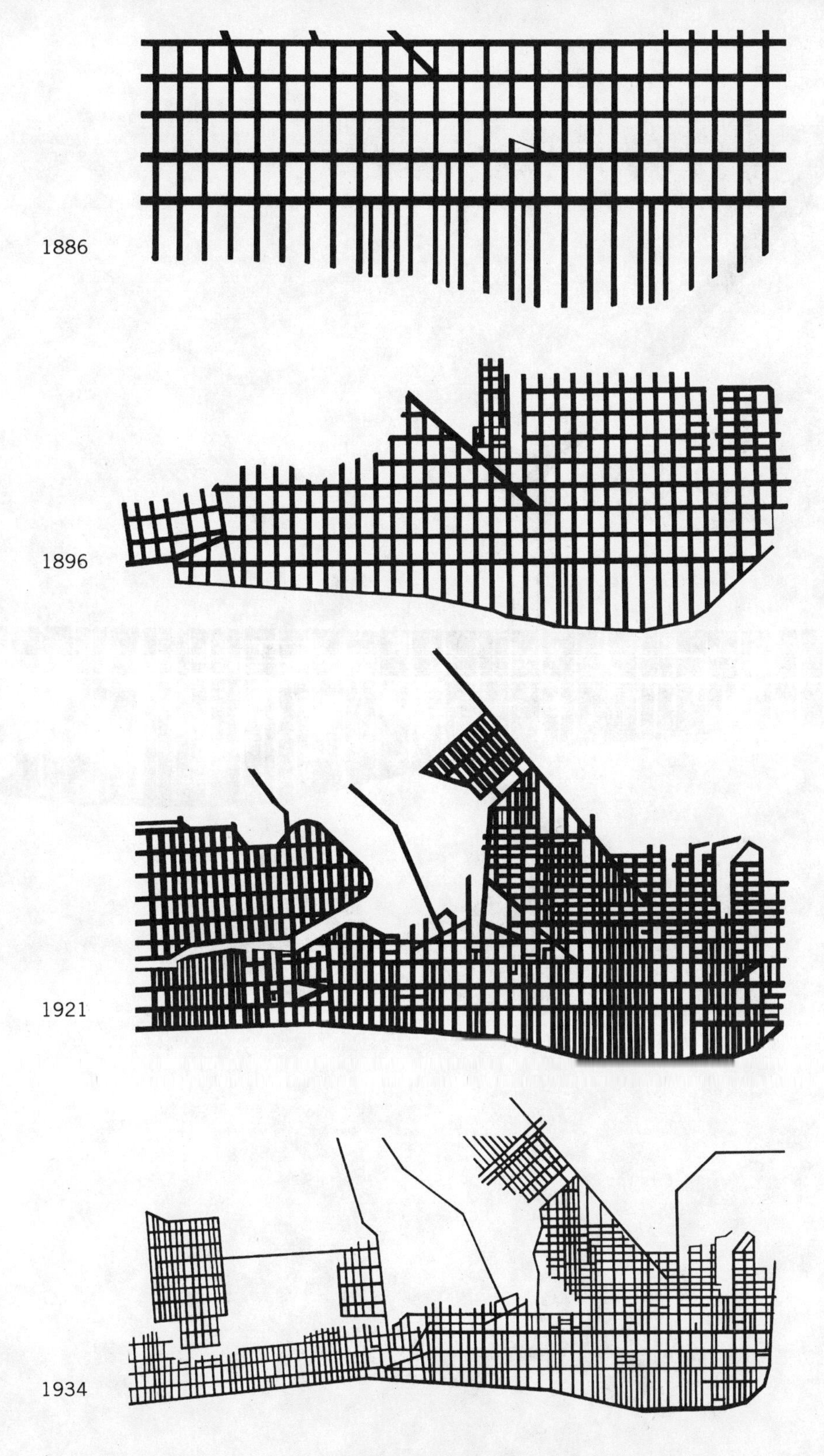
1886
1896
1921
1934

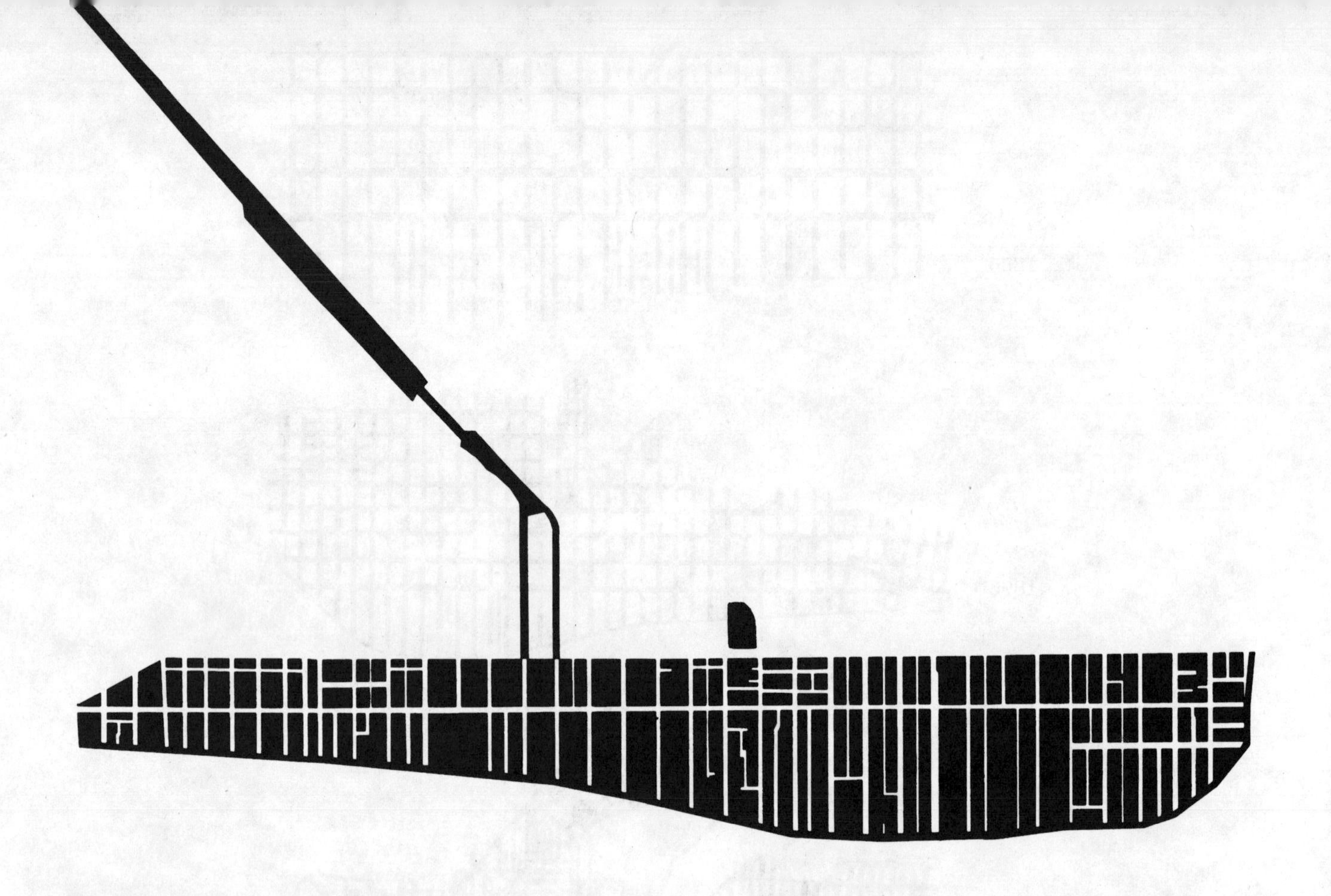

平面5－6：

海墙

目前的状况显示了大西洋城转化的一个阶段，在这里，大西洋大街定义了一面墙，分隔了海墙的积极延伸。这面墙由大尺度客体建筑物构成，形成于正在被拆除的城市消极扩展地区，见证着孤立的建筑物与肌理岛的消亡。快速路在海墙前停止，并以停车场的方式侵入城市肌理。

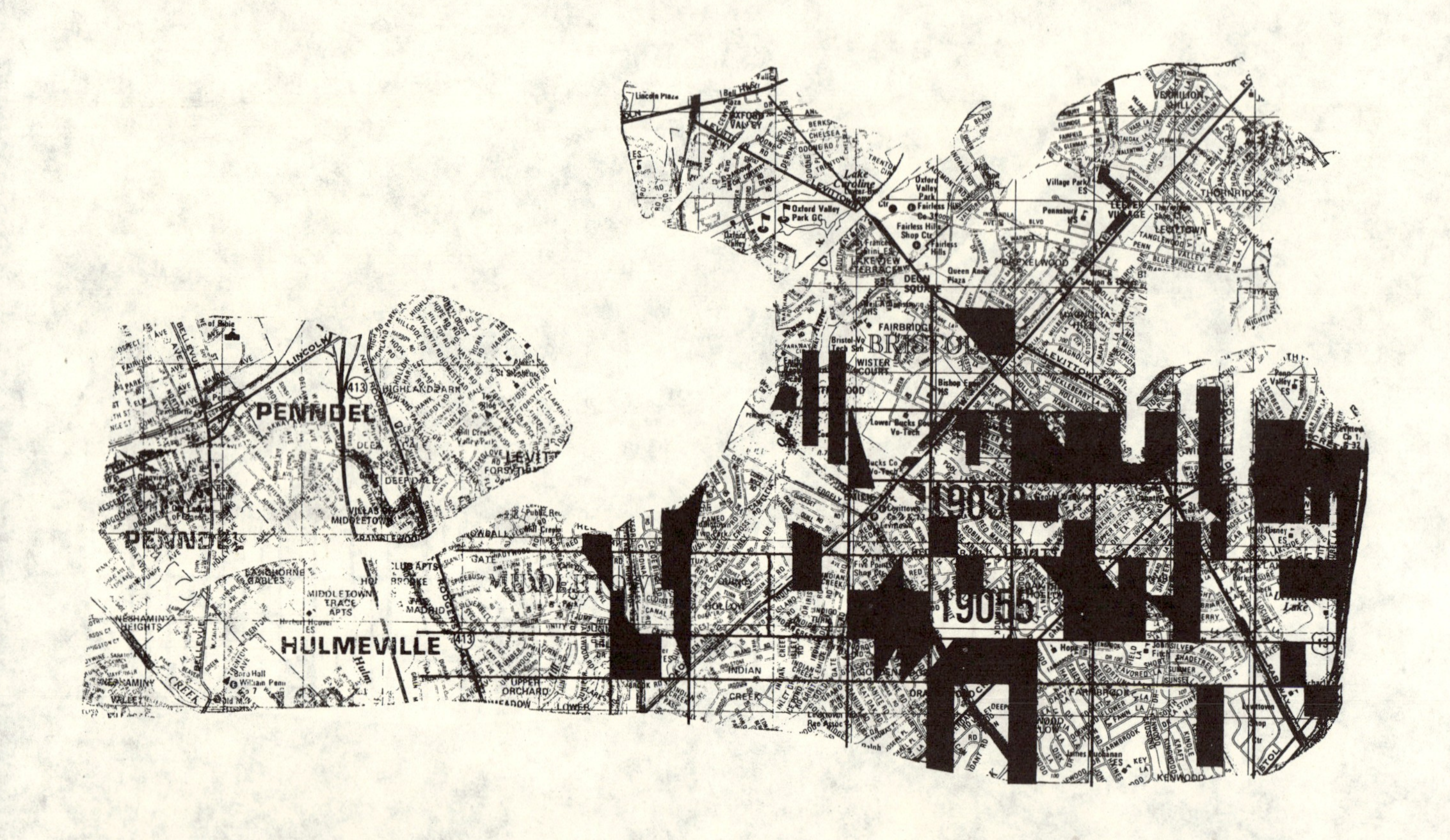

平面 7 - 11：

肌理岛

一系列虚构的描绘从尽端路出发，寻找坐落于沥青和碎石场地中的客体，即肌理岛。图绘研究了与无形的墙有关的方向性问题，以及肌理岛未来增长的可能程度。

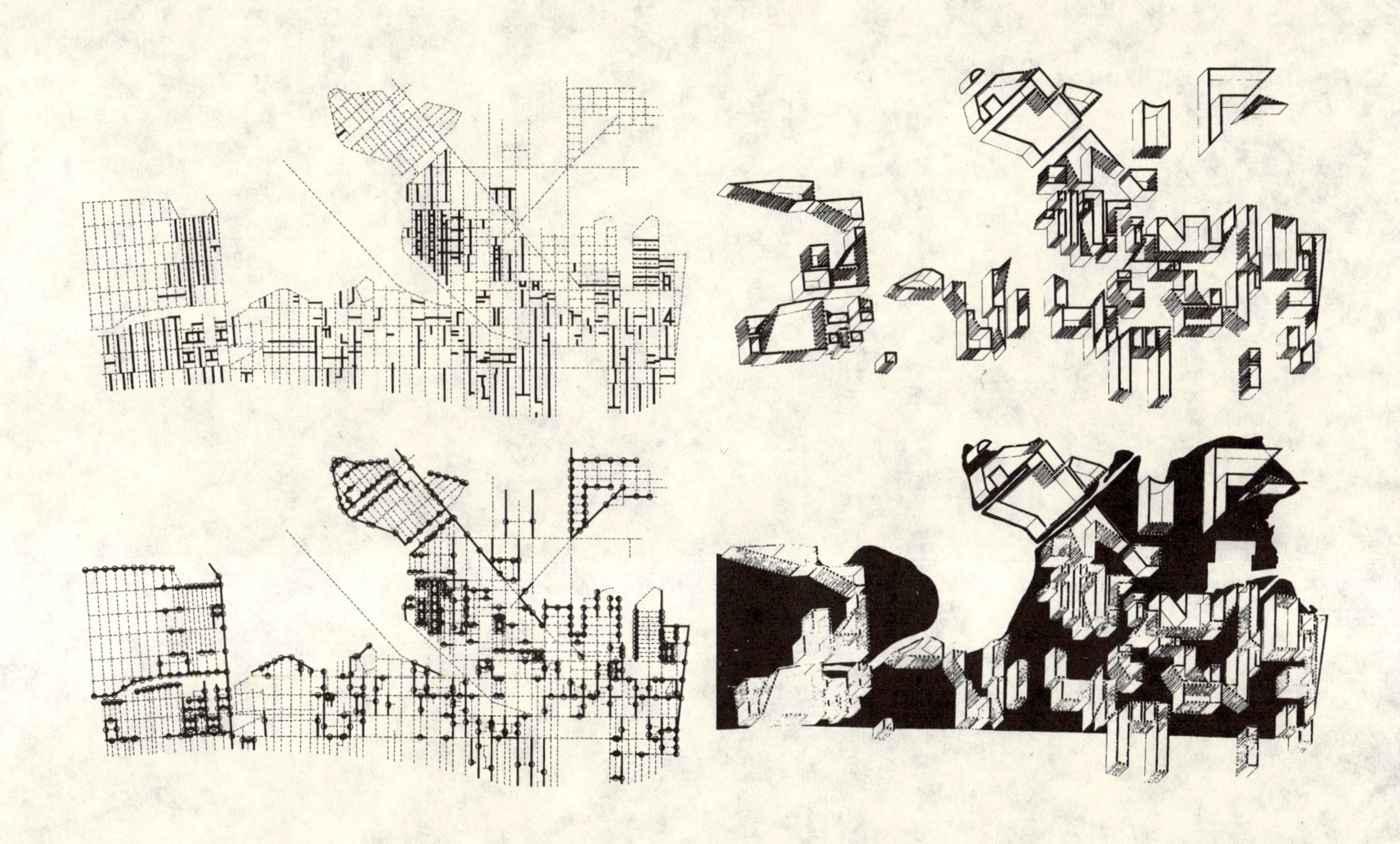

致谢

我在此需要感谢从不同方面帮助我完成本书的人。首先感谢的是黛安娜·艾格瑞丝特的热情支持和她的后结构城市理论与实践的先锋工作。

我非常感激邀请我教授研究课和实践课的多所大学，在这里，我开始了对于美国城市的最早研究，学生们的艰苦工作和创造性是整个课题成功的重要部分。1983年，Stanley Tigerman邀请我前往伊利诺伊大学建筑学院教授实践课，在这次教学中，本书所探讨的课题首次开始研究。建筑和城市研究学院提供了制作纽约图绘的背景条件，我的教学助理 Michael Stanton带领一组学生完成了这些图绘。1984年，弗兰克·盖里（Frank Gehry）安排我来到南加利福尼亚大学的建筑学院，在这里学生们参与了洛杉矶图绘，这些图绘后来在纽约完成。我特别感谢Christoph Kapeller，他完成了最初的洛杉矶图绘。Harry Cobb邀请我到哈佛大学的研究生设计学院，提供给我研究波士顿的第一个机会。西萨·佩里（Cesar Pelli ）邀请我到耶鲁大学的建筑学院教授实践课，其间，在教学助理Kevin Kennon的协助下，完成了纽黑文的图绘。哈佛研究生设计学院院长Rafael Moneo邀请我教授研究课，其间，波士顿图绘得以完成。在普林斯顿建筑学院的本科生研究课上，完成了大西洋城图绘的制作。最后，我感谢法国美丽城（Bellville）Unite Padagogique的Antoine Grumbach，以及巴黎建筑博士课程的Jean－Louis Cohen邀请我到欧洲教授研究课，给我提供了试验本书观点的机会。

这本书的早期版本是会议论文或演讲稿。我特别感激Ignasi Sola邀请我参加了1996年的UIA大会，在论坛上，我提交了本书的特别版本。普林斯顿大学人类学基金使我完成了大西洋城的图绘。芝加哥斯基德摩尔城市研究院，Owings & Merrill基金的第一任主任John Whiteman邀请我在1988－1990年间担任研究员。Bruce Graham建议我使用计算机。Julie Wheeler协助了芝加哥和得梅因的计算机绘图工作，Melva Bucksbaum将我引见给了得梅因市。Kurt Forster邀请我到Getty中心，在那里，我开始了对洛杉矶早期地图的研究。Maison Suger 和主任Jean－Lue Lory 提供了我在巴黎完成最终文稿的条件。Lucia Allais第一个全面地阅读了文稿，Julia Gandelsonas 给予了重要的评论。Beth Harrison 提供了编辑和组织工作，使每一个参与的人都保持最高的工作品质。Michael Rock 提供了优秀的平面设计指导，Sara Stemen设计了本书的封面，Dieter Janssen卓越地解决了复杂的平面设计问题。

图片致谢

第一部分

第1章

PAGE 13: From John R. Spencer, trans., *Filarete's Treatise on Architecture*. New Haven, Conn.: Yale University Press, 1965.

PAGE 15: (right) From Via Giulia, by Salerno, Spezzaferro, & Tafuri © Stabilimento Aristide Staderini spa Roma.

(inset) From the Nolli plan of Rome, 1742, in Salerno, Spezzaferro, & Tafuri, Via Giulia © Stabilimento Aristide Staderini spa Roma.

PAGE 16: St. Augustine, Florida (1556), early foundation plan. Unsigned, undated plan based on a survey by Don John de Solis drawn ca. 1770. From the Maps Division, Library of Congress, Washington D.C.

Plan of Los Angeles, California. Untitled, undated manuscript copy of a plan showing Los Angeles, California, c. 1781. From the Bancroft Collection, University of California Library, Berkeley, California.

Plan of New Haven, Connecticut. Drawn in 1748, by William Lyon. Published by T. Kensett, 1806. New-York Historical Society, New York, New York.

Plan of Philadelphia, Pennsylvania. Drawn in 1682 by Thomas Holme, sold by Andrew Sowle. London, 1683. Olin Library, Cornell University, Ithaca, New York.

(inset) View of Savannah, Georgia. Drawn in 1734, by Peter Gordon, London, England. Library of Congress, Prints and Photographs Division. Washington, D.C.

PAGE 17: Drawing by G. F. Bordino, 1588.

PAGE 18: (far left) Versailles: view of the chateau and garden,

(left) Above Paris © Robert Cameron

(right) From Melville C. Branch, *An Atlas of Rare City Maps*. New York: Princeton Architectural Press, 1997.

PAGE 19: (left inset) From the series "Measures of Painting" by Albrecht Dürer.

(right inset) From Jonathan Crary, *Techniques of the Observer: On Vision and Modernity in the Nineteenth Century*. Cambridge, Mass.: The MIT Press, 1991.

PAGE 20: (inset) Drawn by Pierre Charles L'Enfant, 1791. From the collection of John Reps.

PAGE 21: (top left) From Hildegard Binder Johnson, *Order upon the Land: The U.S. Rectangular Land Survey and the Upper Mississippi Country*.

(top right) Drawn by Matthew Carey after surveys by Thomas Hutchins, published by Mathew Carey, Philadelphia, 1796. William L. Clements Library, University of Michigan, Ann Arbor, Michigan.

PAGE 21: (inset) Photograph by Georg Gerster, 1990.

PAGE 22: Photograph by Erich Mendelsohn © 1928.

PAGE 23: (left) From Le Corbusier, *Urbanisme*. Paris. Editions Vincent, Fréal & Co. Paris, 1924.

(right) © Agrest 1974. From Diana Agrest, *Architecture*

From Without: Theoretical Framings for a Critical Practice. Cambridge, Mass.: The MIT Press, 1991.

PAGE 24: *From Techniques of the Observer: On Vision and Modernity in the Nineteenth Century*. Cambridge, Mass.: The MIT Press, 1991.

PAGE 25: Copyright 1931 by Irving Underhill.

PAGE 26: From Le Corbusier, *Urbanisme*. Paris: Èditions Vincent, Frèal & Co. Paris, 1924.

PAGE 27: From Le Corbusier, *Urbanisme*. Paris: Èditions Vincent, Frèal & Co. Paris, 1924.

PAGE 28: From Le Corbusier, *Urbanisme*. Paris: Èditions Vincent, Frèal & Co. Paris, 1924.

PAGE 29: (left) From Le Corbusier, *Urbanisme*. Paris: Èditions Vincent, Frèal & Co. Paris, 1924.

PAGE 29: (right) Mies van der Rohe: Lake Shore Drive, Chicago. 1951.

PAGE 30: Photograph by Reyner Banham © 1971.

PAGE 31: (left) © Fotofolio
(right) © Fotofolio

PAGE 32: Clarence Stein and Henry Wright. From Clarence Stein, *Toward New Towns for America*. Cambridge, Mass.: The MIT Press, 1966.

PAGE 33: Courtesy of *The New York Times*, January 29, 1994.

PAGE 34: (left) and (right) From Mellier Goodin Scott, *American City Planning Since 1890: A History Commemorating the Fiftieth Anniversary of the American Institute of Planners*. Berkeley: University of California Press, 1969.

PAGE 35: (left) From Werner Blaser, *Mies van der Rohe: The Art of Structure*. Zurich: Artemis Verlag und Verlag Für Architektur, 1965.

(right) From by Robert Venturi, Denise Scott Brown, and Steven Izenour, *Learning from Las Vegas*. Cambridge, Mass.: The MIT Press, 1972.

(inset) From Werner Blaser, *Mies van der Rohe: The Art of Structure*. Zurich: Artemis Verlag und Verlag Für Architektur, 1965.

PAGE 36: Courtesy of Microsoft.

PAGE 37: From Emmett Watson and Robert W. Cameron, *Above Seattle*. San Francisco: Cameron & Co., 1994.

PAGE 38: Photograph by Jeff Perkell.

PAGE 39: (inset) From *Cesar Pelli: Buildings and Projects 1965–1990*. New York: Rizzoli, 1990.

(right) Courtesy of Mario Gandelsonas.

PAGE 41: (inset) © 1998 Matt McCourt and Carl Dahlman, as first published in *The Atlantic Monthly*, July 1998.

PAGE 42: Photograph by Alex S. MacLean. From James S. Corner, Alex S. MacLean (photographer), and Denis Cosgrove, *Taking Measures Across the American Landscape*, New Haven, Conn.: Yale University Press, 1996.

PAGE 43: Photograph by Alex S. MacLean. From James S. Corner, Alex S. MacLean (photographer), and Denis Cosgrove, *Taking Measures Across the American Landscape*, New Haven, Conn.: Yale University Press, 1996.

第2章

PAGE 46: Drawn ca. 1855 by Asselineau from a watercolor painting by John Bachman, published by Wild, Paris, France. From the Maps Division, Library of Congress, Washington, D.C.

PAGE 47: (left) from John Summerson, *Georgian London*. London: Barrie & Jenkins, 1988.

(center) From *Le Petit Atlas Maritime by Belin*, Olin Library, Cornell University, Ithaca, New York.

(right) Drawn by Abbè Delagrive, Paris, 1746. From the collection of John Reps.

PAGE 50: Map published by J. J. Stoner, 1882. From the Maps Division, Library of Congress, Washington, D.C.

PAGE 51: (right) From Aymonino, Fabbri, and Villa, *Le Citt Capitali del XIX Secolo* © 1975.

(left) Drawing of Washington, D.C., developed by Erika Schmitt in the context of Mario Gandelsonas's seminar, *The Urban Text*, at the School of Architecture, Princeton University.

PAGE 52: From Giorgio Ciucci, Francesco Dal Co, Manieri Elia, and Manfredo Tafuri, *The American City: From the Civil War to the New Deal*. Cambridge, Mass.: The MIT Press, 1979.

PAGE 53: From Giorgio Ciucci, Francesco Dal Co, Manieri Elia, and Manfredo Tafuri, *The American City: From the Civil War to the New Deal*. Cambridge, Mass.: The MIT Press, 1979.

PAGE 54: From Giorgio Ciucci, Francesco Dal Co, Manieri Elia, and Manfredo Tafuri, *The American City: From the Civil War to the New Deal*. Cambridge, Mass.: The MIT Press, 1979.

PAGE 55: (left) Asher B. Durand, Dover Plain, Duchess County, New York, 1848.

PAGE 56: (left) From *Toward New Towns for America*, by Clarence Stein © 1957.

(inset) Photograph by Walter Gropius.

第3章

PAGE 69: (bottom) *The Master's Bedroom* © 1920 Max Ernst.

第二部分

第4章

PAGES 82–97: The New York drawings were developed by the students of Mario Gandelsonas's undergraduate studio at the Institute for Architecture and Urban Studies in 1983–1984. The final renderings were produced by Michael Stanton, one of the teaching assistants, with Nancy Clayton and Alan Organsky. The drawings on pages 88–89 were developed by I. K. Bun.

PAGES 100–109: The Los Angeles drawings were developed by the students in Mario Gandelsonas's seminar on Los Angeles at the School of Architecture, University of Southern California, in the fall of 1984. The final renderings were produced in New York by Kristoph Kapeller in the summer of 1985.

PAGES 112–119: The Boston drawings were developed by students in Mario Gandelsonas's seminar on Boston at the Graduate School of Design, Harvard University, in the fall of 1986.

PAGES 123–129: The New Haven drawings were developed by students in Mario Gandelsonas's fall 1987 graduate studio, with Kevin Kennon as the teaching assistant.

PAGES 133–153: The Chicago ink drawings were developed by students in Mario Gandelsonas's seminar on Chicago at the School of Architecture, University of Illinois. The author would like to make special mention of Julie Evans (pages 132–137) and Brendan Fahey (pages 138–143). The Chicago computer drawings were developed by Mario Gandelsonas at the Chicago Institute for Architecture and Urbanism in 1988–1989 with the assistance of Julie Wheeler.

PAGES 156–171: The Des Moines computer drawings were developed by Mario Gandelsonas at the Chicago Institute for Architecture and Urbanism in 1989–1991 with the assistance of Julie Wheeler.

PAGES 175–181: The Atlantic City drawings were developed by the students of Mario Gandelsonas's undergraduate studio at the School of Architecture, Princeton University.

译后记

对美国城市，存在着两种阅读，一种是内部阅读，一种是外部阅读。内部阅读顾名思义，来自于美国内部，那是一种不断自我追问的阅读、重读过程。凯文·林奇对美国城市的阅读方式是一种现象逻辑的认知图绘，而本书作者盖德桑纳斯对美国城市的阅读则是一种超越了物质城市并再现这一传统角色的“图绘”方法，它提供了阅读城市的一种独特方式。作者的“图绘”是一处融合了时间和空间的“场所”，它试图使建筑与城市断裂的、矛盾的和变动的关系实现一种动态的关联与协调。

本书的第一部分，分析揭示了美国城市的特性，戏剧性重构导致的多元转变。在盖德桑纳斯看来，美国城市最初是欧洲城市想像的结果，是欧洲未实现的城市欲求——城市新形式的实验场，欧洲与美国城市之间在跨大西洋交流中形成了相互依赖、相互认同的形态循环。美国城市希望摆脱欧洲城市的影响，建立自身的识别性：大陆格网、摩天大楼、郊区城市。格网奠定了美国城市主导结构，代表了平等观念；摩天大楼是竖向不受限制的城市，是资本主导的建筑自由化；郊区城市是依赖汽车的分散肌理城市。而X-城市（或边缘城市），无形式主导了城市平面，城市不再以诸如中心与边缘等对立的概念进行组织。盖德桑纳斯认为：美国城市在追求自身识别性的过程中也产生了各种创伤性的变化。一方面是要实现某种秩序(城市识别性)，一方面是经济、政治和文化力量对固有结构的反抗。这种不稳定性，最终使城市形式失于控制。

由于欧洲-美国城市的持续交流及影响存在一个特殊的循环体系，因此欧洲对美国城市的阅读在某种意义上说既是外部阅读，又是内部阅读，也因此，美国与欧洲城市之间的彼此参照更像是一种审慎的内部交流关系。而随着经济全球化，城市形式跨越了文化边界。美国、欧洲以外的城市对美国城市的阅读作为一种外部阅读，更多的表现为单向的模仿和复制，一种无渊源的硬性移植。许多发展中国家把美国的摩天楼作为欲求的客体，而汽车依赖型城市也正使它们经历着严重的后弗洛伊德精神创伤。外部阅读者看到的更多的是表象。法国学者居伊·德波认为：“在现代生产条件无所不在的社会，生活本身展现为景观的庞大堆聚。直接存在的一切全都转化为一种表象。”“景观发出的惟一信息是：呈现的东西都是好的，好的东西才呈现出来，原则上它所要求的态度是被动的接受”。

本书的第二部分通过图绘揭示了多个美国城市的形式结构，揭示了城市与建筑的关联以及通过图绘所引发的对话关系。作为一种独特的分析工具，图绘分析揭示了美国城市主义的特征和发展可能性。

本书的后结构主义话语风格和对美国城市的“图绘”阅读方式为读者开启了一个深入认识美国城市的窗口。应该说明的是，我们不是作为传统意义上的“译者”个体，而是我们从事的工作与本书的翻译产生了关联，从某种意义上说，这项工作已成为我们所在设计院（北京新都市城市规划设计研究院）一项持续的工作任务。新都院是一家研究型、创新性的设计研究机构，非常重视先进城市理论和分析方法的研究与实践探索。如新都院在推进中国语境下的新城市主义实践方面进行了大量的努力。新城市主义与本书提出的“X-城市主义”的论题相关，新城市主义如果说是一种回归传统的改革姿态，而X-城市主义则是一种对新的城市形式的深刻分析姿态。新都院一直以来对都市主义问题抱有强烈的兴趣，翻译本书和我们建立学术导向型的设计机构的目标和追求相吻合。然而许多未曾预想的困难随着翻译工作的展开而显露出来，困难不仅来自于作者后结构主义的写作风格，更来自于译者对作者深刻的城市形式分析方式——那种独特的通过图绘阅读城市的方式理解和再阅读的困难。

本书的主要译者孙成仁博士曾对后现代城市设计问题进行过专门的研究。本书的另一位主要译者付宏杰女士在英国留学期间就对都市主义问题抱有浓厚的兴趣，在此书的翻译过程中她还阅读了大量后结构主义方面的哲学著作。张志彬、任娜参加了本书早期部分内容的初译工作，翻译工作经历了大量的反复，历时近两年，终于得以完成。中国建筑工业出版社的戚琳琳编辑对本书付出了极大的精力和耐心，我们在此向她表达深深的谢意。由于译者水平局限，翻译不当之处在所难免，真诚希望得到各位读者朋友的不吝赐教。

孙成仁　付宏杰

2006年7月10日